1

CHRISTIAN ROUAS

L'EMPRISE DU MONDIALISME

LE SECRET DES HAUTES TECHNOLOGIES

OMNIA VERITAS

CHRISTIAN ROUAS

L'EMPRISE DU MONDIALISME

LE SECRET DES HAUTES TECHNOLOGIES

Publié par Omnia Veritas Ltd

ⓞMNIA VERITAS

www.omnia-veritas.com

© Omnia Veritas Ltd –
Christian Rouas – 2015

AVANT-PROPOS

Pour mieux aborder cet ouvrage, voici quatre citations et une vidéo très à propos :

« *Tous les êtres humains trébuchent un jour sur la vérité, la plupart se relèvent rapidement, secouent leurs vêtements et retournent à leurs préoccupations, comme si de rien n'était* ».
Winston CHURCHILL, premier ministre de Grande Bretagne. Il déclara aussi ultérieurement :
« *Mieux vaut prendre le changement par la main avant qu'il ne nous prenne par la gorge* ».

« *Seuls les plus petits secrets ont besoin d'être protégés, car les plus gros sont gardés par l'incrédulité publique* ».
Marshall MACLUHAN (1911 – 1980) auteur et chercheur Canadien.

« *L'individu est handicapé en se retrouvant face à face avec une conspiration si monstrueuse, qu'il ne peut croire qu'elle existe* ».
J. Edgar HOOVER, directeur du FBI de 1924 jusqu'à sa mort en 1972.

« *L'esprit le plus fertile au monde ne peut pas imaginer tout ce qui se tisse à l'arrière-plan de la vie publique* ».
Les **citoyens du contrat universel**, auteurs de ce livre.

Pour se convaincre des activités séditieuses d'un puissant cartel agissant dans le secret, voir cette vidéo de feu le président **John F. Kennedy – 1961**.[1]

---

[1] **Kennedy dénonçait le complot et les Sociétés secrètes - Qui sont les membres des Sociétés secrètes ?** https://www.youtube.com/watch?v=ljnVfSGHYhA

INTRODUCTION

Les maîtres de la véritable gouvernance mondiale, forts de leurs réseaux d'influence et de corruption placés au sein du milieu scientifique de pointe, se sont approprié de nombreuses connaissances. Elles portent sur les points de force, de faiblesse, des écosystèmes, du corps et de l'esprit humain, parmi lesquels la sensibilité de l'homme à la force électromagnétique – EM. Aussi surprenant que cela puisse paraître, vous allez découvrir comment, le procédé thérapeutique EM – PRIORE - très efficace contre certaines formes incurables et inopérables de cancer, sans aucun effet secondaire, a été définitivement écarté, au détriment du grand public de plus en plus confronté à cette terrible maladie. Tandis que des chercheurs allemands opposés aux chimiothérapies et radiothérapies, découvreurs de thérapies contre le cancer, cellulairement non destructrices, soutenus par le Chancelier Konrad ANDENAUER, ont été dénigrés les uns après les autres. Idem aux États-Unis pour les travaux avant-gardistes des Docteurs RIFE - GERSHON… notre livre « *Hérésie médicale & Éradication de masse* ».

Vous pourrez aussi comprendre comment de puissants moyens structurels et financiers ont été déployés dans le secret pour la mise en œuvre d'expérimentations machiavéliques sur le corps humain, sur l'écosystème… L'objectif du cartel consiste à utiliser la chimie et l'épandage de nano poisons, la géo ingénierie, la géo stratégie, la technologie OVNI-extraterrestre… pour consolider sa dominance sociétale, politique, son hégémonie planétaire. In fine pour assurer l'inauguration, l'instauration, d'un nouvel Ordre mondial.

Au fil du temps, ces hautes technologies ont été l'objet de nombreux perfectionnements scientifiques et tactiques réalisés à l'abri de tous regards. Les multiples applications correspondantes civiles et militaires, inimaginables pour le grand public, se rapportent à la manipulation de la pensée, de la volonté. Aux terribles armes de destruction massive, ou sélective. Aux moyens de modifier le temps, de bouleverser le climat en générant à distance des inondations, sécheresses, des ouragans, des tremblements de terre, des tsunamis...

Autant de combinaisons hégémoniques perverses de dénaturation, de mort, qui dépassent l'entendement. Au point que le plus grand nombre ne puisse pas en imaginer la conception, l'existence, ni les multiples utilisations et conséquences gravissimes pour la civilisation et la planète.

Pour pouvoir prouver nos dires et vous éclairer pleinement sur ce sujet inédit, il était nécessaire de vous donner un maximum d'informations diverses, parfois très détaillées et très techniques, qui appelleront de votre part un effort d'attention et une réflexion beaucoup plus qu'à l'ordinaire.

CHAPITRE 1

LES ÉNERGIES QUI ONT ÉTÉ PROHIBÉES

LA FORCE ÉLECTROMAGNÉTIQUE PHÉNOMÉNALE ET OMNIPRÉSENTE

Une source d'énergie renouvelable à l'infini, disponible gratuitement dénommée *énergie du point zéro*. C'est l'énergie de nature électromagnétique, elle est contenue dans la trame de l'univers et omniprésente dans l'espace et la matière. Elle occupe *tout le vide* qui nous entoure et représente un paradoxe pour la science contemporaine, car soit c'est une force gravitationnelle supérieure aux masses répertoriées, soit c'est une énergie invisible qui est soumise au cosmos lui-même.

La physique quantique tend à démontrer que chaque mètre cube d'espace autour de nous contiendrait une quantité phénoménale de cette énergie. À ce jour, les techniques qui nous ont été rapportées pour la capter font appel à un principe de déséquilibre temporaire de la structure des ondes électromagnétiques, une transmutation matière/énergie et/ou un transfert énergie/énergie.

Les recherches tendent à révéler que cette source d'énergie peut être partiellement convertie en énergie utilisable au plan humain. Celle-ci serait illimitée et non polluante, tout comme le vent et le soleil, son utilisation pourrait être offerte à tous.

BEAUCOUP DE LOIS SONT COMPLÈTEMENT REMISES EN CAUSE

La physique quantique revient sur d'anciennes conceptions de l'univers, beaucoup de lois qui semblaient figées, inflexibles, sont complètement remises en cause. L'on découvre que l'univers est constitué de nombreux mondes interpénétrés, chacun d'eux est soumis à des fréquences différentes des autres. L'on a constaté la présence de particules de matière simultanément à différents endroits de l'univers ; et qu'il est possible de téléporter *instantanément* de la matière à travers de la matière, ou de l'information, à travers l'univers. (Voir le chapitre 13 – Procédé opératoire du point 2 - jusqu'à l'image de la lampe d'Aladin). Ainsi le terme de vacuum n'a plus le même sens pour l'univers, puisqu'il est rempli d'énergie quantique en des proportions illimitées. Ces informations démontrent de l'évolution de la connaissance en ce domaine et des expérimentations scientifiques qui en découlent.

CERTAINES APPLICATIONS EM AURAIENT PU ÊTRE BÉNÉFIQUES À L'HUMANITÉ

Dès le début du 20e siècle, le générateur électrique à énergie libre produisant une électricité abondante et gratuite pouvait changer toute la donne de l'économie et de l'environnement de la Terre. Par contre, d'autres applications se révèlent être très dangereuses, comme la panoplie d'armes de mort sélective et celles de destruction massive, plus puissantes que l'arme nucléaire. D'autres encore utilisées à la dérobée sont des moyens de manipulation psychique, climatique, tectonique...

À l'origine, la force électromagnétique est un élément essentiel de la vie animée et inanimée, elle présente des analogies avec la force de gravité. Sans elle, nous ne pourrions pas vivre, tout ce qui peut exister sur une planète portant la vie est sous la domination de cette force de cohésion. Puisque sa portée n'est pas limitée dans le cosmos, cette force est utilisable à partir de l'énergie existante dans l'espace environnant, ce pourrait être le cas actuellement sur la planète Terre.

Depuis plus d'un siècle, il aurait été possible d'utiliser la force EM pour toutes les applications électriques domestiques et industrielles. Sans qu'aucun fil électrique traverse ni perturbe la vie, sans lignes à haute tension, sans raffineries de pétrole, sans pipes Line de gaz... Les véhicules ne consommeraient plus aucun carburant fossile, ni hydrogène, ni batterie au plomb ou au lithium, ni panneau solaire... Placée dans un autre contexte sociétal, la population mondiale aurait pu éviter les effets néfastes de l'utilisation actuelle de la force électromagnétique.

Mais au fait, saviez-vous que Nikola TESLA, génial découvreur et inventeur, dès 1890 avait trouvé et éprouvé cette technologie et toutes les applications pratiques. Cependant, puisque ces novations extraordinaires mettaient en cause les compagnies financières de l'industrie, de l'énergie, surtout le plan futur du cartel mondialiste, il passa du statut de génial inventeur à celui de parfait inconnu. De son vivant, son nom fut même retiré des livres d'histoire. Après sa mort, lorsque les incompétents ont eu le champ libre, il reçut trois prix Nobel ! Nous allons développer la compréhension de ces découvertes à commencer par l'énergie dite libre ou universelle.

En 1899, TESLA équipé d'un dispositif de son invention d'une puissance de 1,5 MW (1,5 million de watts) fut ébahi de constater que les impulsions électriques émises par son appareillage faisaient le tour de la planète Terre et revenaient sans aucune perte de puissance. Son appareillage était équipé de trois de ces inventions :

➢ Un transformateur et un bobinage portant son nom.

➢ Un transmetteur amplificateur (un procédé également conçu pour agir sur la Terre).

➢ Un système sans fil ayant capacité de transmettre de l'énergie électrique sans utiliser une ligne électrique filaire.

Son appareillage exploite l'énergie renouvelable de la Terre, une batterie inépuisable. Une force naturellement à disposition, mais uniquement utilisée et consommée par les orages. Le procédé TESLA n'est pas producteur d'électricité comme le serait une dynamo, c'est un récepteur-collecteur ayant capacité d'amplifier la puissance collectée. C'est pour cette découverte qu'il reçut à titre posthume trois prix Nobel.

Sur Terre, il était possible d'appliquer ce dispositif dans l'intérêt de tous, dans la continuité des travaux de TESLA. Il était possible d'équiper toutes les maisons et villages de micro-générateurs individuels générant une énergie gratuite propre, dont l'usage est illimité Avant sa totale vulgarisation, les professeurs des écoles auraient pu expliciter de façon très compréhensible aux élèves en disant à la classe :

« Imaginez que vous êtes tout en bas d'une étroite vallée, entourés de falaises montagneuses retenant de l'eau comme le feraient les murs d'un barrage. Après avoir grimpé le plus haut possible, à un endroit précis, vous creusez une fente dans la paroi rocheuse, que l'on a équipée préalablement d'une canalisation, naturellement l'eau va s'écouler à gros bouillon, vers le bas de la gorge. Maintenant, après avoir utilisé l'énergie de l'eau descendante, pensez à l'idée de pouvoir faire revenir l'eau au sommet. Cela sans avoir besoin d'établir un bilan énergétique entre l'énergie récupérée lors de la descente de l'eau, principe des centrales hydrauliques et celle qui serait nécessaire (transformation en vapeur d'eau, et/ou utilisation d'une pompe aspirante et refoulante) pour la faire remonter au point de départ de la fente creusée dans la paroi rocheuse ».

« À la place de l'eau, imaginez que cela soit de l'énergie contenue dans le vide, ou énergie libre et universelle. Cette énergie est obtenue par excitation électrique en créant une faille dans le réservoir inépuisable de l'énergie libre de l'espace atmosphérique. Comme l'eau descendante du barrage apporte en aval de l'énergie supplémentaire, de même la réception d'énergie libre produit une force additionnelle, sous forme d'une induction magnétique au niveau de la bobine du dispositif TESLA, dont le mouvement mécanique permet aussi le retour de l'énergie au point initial, celui de l'énergie libre et universelle de l'univers, normalement accessible à tous ».

Quelques scientifiques de renom reconnaissaient la nécessité de vivre en harmonie avec l'énergie cinétique de l'espace, A. MICHELSON (prix Nobel de physique 1907) – De BROGLIE (prix Nobel de physique 1929) – Sir Olivier LODGE (Médaille Rumford pour ses travaux sur les effets de la foudre) – Paul DIRAC (prix Nobel de physique 1933). Contrairement à ce qu'il avait affirmé en 1916 lors de la publication de la théorie sur la relativité générale, EINSTEIN (prix Nobel de physique 1921) probablement contraint par l'immense génie opérationnel de TESLA, s'est rétracté. 18 années plus tard, en 1934, il reconnaissait enfin que l'espace ne pouvait pas être vide parce qu'il est un médium dynamique. Des recherches récentes confirment l'existence d'une force omniprésente dans l'univers infini, dénommée Énergie universelle, Éther, ou « *énergie du vide* ».

Voici les 3 principes techniques pour produire de l'énergie libre, sur la base d'un appareillage relativement simple à construire :

➤ Utiliser un champ électrique radial pour verrouiller un couple de spins dans l'agitation synchrone orbitale du milieu vide.

Créer un couple quantique direct univoque électro atomique avec l'agitation orbitale, le tout étant obtenu en surexcitant un Ferro-aimant.

➤ Générer une interaction électromagnétique entre l'énergie de l'espace (Éther) et une décharge de plasma électrique comprenant des ions lourds, interaction dénommée décharge de cathode froide. Magazine Nexus n° 36, du 01/02/2005 – Dr Harold ASPDEN.

Mais sous l'influence des lobbies et/ou des gouvernements, la communauté scientifique fait mine de ne pas comprendre, surtout pour ne pas valider les principes qui étayent la théorie de ce procédé opérationnel. C'est pourquoi le grand public en ignore toujours les multiples applications. Quelques décennies après la mort de TESLA, deux inventeurs ont construit un dispositif approchant, dont les résultats ont été publiés. Le premier est Joseph NEWMAN, dont le procédé offre un rendement de huit cents pour cent. Il a voulu faire homologuer son invention à énergie libre Si le bureau américain des brevets, instruments de mesure à l'appui, a pu constater le fonctionnement de ce procédé, néanmoins il n'a pas voulu établir de certification, car selon lui aucun principe de physique correspondant n'existe dans les annales. Pendant 18 ans NEWMAN fit preuve de pugnacité et réitéra sa demande de certification. L'on finit par accéder à ses demandes insistantes en déléguant une commission d'études composée de physiciens chevronnés. Ils se réunirent avec NEWMAN, malgré un a priori défavorable, au fil de la démonstration, ils furent conquis par le procédé et la réunion prévue pour durer une heure dura jusqu'à la nuit tombée. Cela fut si contrariant pour les organisateurs de cette réunion qu'ils déboutèrent la commission, et conclurent que l'invention ne présentait aucun intérêt

Après vingt années de désaveux, cet ingénieur est parti au Japon pour collaborer avec une équipe d'industriels poursuivant l'objectif de construire une voiture propulsée à l'énergie libre. D'autres applications similaires sont actuellement développées au Japon, notamment un moteur magnétique de nouvelle génération[2] – absence de bruit – de chaleur – offrant un potentiel d'économie d'énergie considérable, sans pollution – sachant que les moteurs électriques classiques consomment à eux seuls jusqu'à 55 % de toute l'électricité produite dans les pays développés.

D'autres inventeurs dont Bruce de PALMA, un physicien américain, ne voyant aucun mal à utiliser le même type de procédé que celui de TESLA pour alimenter toute sa maison en énergie électrique, s'est vu confisquer son dispositif avec l'interdiction d'en construire un second[3]. Lui aussi a regagné le Japon pour travailler à la mise au point de son moteur à énergie libre. Source Magazine Nexus n° 39 de 07-08/2005.

John SEARL qui a réalisé une quinzaine de générateurs mixte énergie libre – et anti gravitationnel (principe de la soucoupe volante) a vu sa maison être investie par des militaires, y mettre le feu, détruire tous ses documents et ses prototypes, juste avant d'être emprisonné et ressortir amnésique une année plus tard !

Le seul inventeur d'un procédé à énergie libre, actuellement opérationnel se trouve au Japon.[3] Le seul pays dont le milieu bancaire est le plus préservé des réseaux d'influence de la gouvernance occulte. MINATO s'est exercé dans un petit atelier

---

2 Magazine Nexus n° 34.
3 **ENERGIE LIBRE Moteur MINATO**
https://www.youtube.com/watch?v=uxkMwNFEm9o

sur un moteur à induction (aimants puissants disposés en oblique). Au stade industriel, il en a construit 10.000 exemplaires pour l'industrie. Puis il a obtenu une commande de 140.000 pièces pour alimenter les climatiseurs de chaînes japonaises de grands magasins. Au démarrage quelques milliwatts pour commuter de petits relais électroniques suffisent pour générer en continu plusieurs chevaux-vapeur. Selon l'inventeur, la puissance envisagée peut aller jusqu'à 200 CV. Cette technologie pourrait être aisément adaptée aux moteurs du parc automobile mondial.

AUTRES ÉNERGIES ALTERNATIVES AYANT ÉTÉ IGNORÉES
L'ÉNERGIE DU SURNUMÉRAIRE

Au refuge de Saréna, au cœur des Alpes françaises, à 2000 m d'altitude, Fabrice ANDRÉ a mis au point un moteur à dégravitation. Il fonctionne à l'aide d'un très faible courant transmis par une série d'alternateurs, avec un effet démultiplicateur en cascade. La production d'énergie dite surnuméraire est plus forte en sortie qu'à l'entrée, le rendement peut atteindre 1000 %, plus encore selon le nombre de reprises en cascade.

C'est Léon HATEM qui est à l'origine de ce concept. Un horloger de métier dénommé Horloger de l'univers. Un inventeur de génie ayant pris pour modèle le système solaire. Il en a reproduit la maquette avec toutes les planètes précisant que toute la mécanique céleste est régie par des lois magnétiques. Il explique la synchronisation des planètes par l'action de leurs pôles magnétiques, qui du fait de l'inclinaison de leur axe de rotation, s'attirent lorsqu'ils sont en phase rapprochement et dégravitent en phase éloignement. Léon HATEM[4] reproduit ce phénomène auto-entretenu à l'aide d'aimants multiplicateurs d'énergie. Avec un minimum d'énergie utilisée à la source, il a aussi mis au point un mini tracteur qui repousse une charge de 50 kg sur une pente à 5%. Il envisage ce même dispositif pour de futures automobiles autonomes. Souhaitons que rien de fâcheux ne lui arrive d'ici là.

L'ÉNERGIE DE L'HYDROGÈNE

Sans même envisager cette belle perspective, saviez-vous qu'avec de l'eau du robinet, et de l'eau de mer, il est possible de produire une grande quantité d'énergie à un coût très bas. Une technologie utilisant l'hydrogène de l'eau, fut appliquée au cours de la Seconde Guerre mondiale. Par exemple, il est possible d'utiliser tous les moteurs à combustible fossile existants, simplement en réalisant quelques modifications peu onéreuses sur le système de carburation, injection. Dans les années 1980, les travaux de chercheurs indépendants ont permis d'améliorer la technique initiale en obtenant une puissance de 20 fois supérieure aux moteurs à pétrole[5]. Ce procédé pouvait être étendu à l'aviation, aux transports terrestres et maritimes, au chauffage domestique, à l'agriculture.[6]

Un jeune Californien avait conçu une adaptation simplifiée et accessible pour les voitures. Après avoir été mis en garde par le

---

[4] **LEON RAOUL HATEM**
http://www.hatem.com/LRH.htm
[5] **Meyer Stanley**
https://www.youtube.com/watch?v=h2aSirju6uU
[6] **Perfusion petrole**
http://www.dailymotion.com/video/x6nlwb_perfusion-petrole_tech#.UUYwahybrgw

Département américain de l'énergie (DoE) de ne pas le commercialiser, il a finalement renoncé. Stanley MEYER, un autre inventeur, ingénieur électricien, avait étendu **son invention**[7] simple et bon marché à un réseau de concessionnaires. Le 21 mars 1998, après un dîner en compagnie d'autres personnes dans un restaurant de Grove City dans l'État de l'Ohio, il sort brusquement de table, disant « *j'ai été empoisonné* ». En courant vers sa voiture, il s'effondre sur le parking et meurt à l'âge de 57 ans.

Comment modifier son véhicule, pour consommer de l'eau jusqu'à 50 %, en cessant de polluer en combinant le dioxyde de carbone (CO_2) avec l'eau voir le **site quant homme**.[8] Le site **peswiki** en anglais.[9] Voir aussi le kit **cellcat**[10] d'injection d'hydrogène, à installer sur les véhicules de série.

En 2009, une entreprise japonaise présente GENEPAX, une automobile écologique, sans émission de CO^2, ni de polluant d'aucune sorte. Elle fonctionne sur la base d'un générateur d'énergie qui extrait par réaction chimique l'hydrogène de l'eau de son réservoir, sans la stocker par ailleurs, pour la convertir aussitôt en énergie électrique. Contrairement aux véhicules électriques ou hybrides de grandes marques commercialisés en 2012, la publicité annonçant une soi-disant avancée technologique, cette technique ne nécessite aucune contrainte de batterie rechargeable et très onéreuse en cas de remplacement. GENEPAX utilise un litre d'eau et un peu de soude caustique pour fonctionner pendant une heure à la vitesse de 50 miles (80 km/h).

[7] **CARBURANTS ALTERNATIFS**
http://quanthomme.free.fr/carburant/WFCMeyer.htm
[8] http://quanthomme.free.fr
[9] http://peswiki.com/index.php/Main_Page
[10] http://www.cellcat-hho.fr/

La société à l'origine de cette technologie cherche à se rapprocher de constructeurs japonais en vue d'une production à grande échelle.[11] Le principe consiste à extraire l'hydrogène H^2 de l'eau H^2O, de l'activer par l'induction de sa fréquence de résonnance, pour obtenir du plasma, une forme ionique directement convertible en énergie électrique. Imaginer toutes les possibilités d'application d'un tel générateur : à l'industrie, à l'habitat, à tous types de véhicules, à l'aviation légère… Une totale remise en cause de la production, de la distribution et du prix de l'énergie aux mains des trusts du nucléaire, du gaz, du pétrole.

L'ÉNERGIE NUCLÉAIRE SANS PRODUIRE DE RADIOACTIVITÉ[12]

L'ingénieur Heinz Werner GABRIEL est un expert qui a travaillé à la planification, à la construction et à l'exploitation de 5 centrales nucléaires. Il a dirigé des projets sur l'amélioration de la sécurité des réacteurs et sur des installations de retraitement du combustible nucléaire. Au sein de l'état-major scientifique allemand du Bundestag, il a participé à la politique de l'énergie nucléaire. À l'aide de méthodes d'analyses spécifiques, il a découvert l'origine de matières fissiles de contrebande, de même que le moment et les causes dissimulées d'accidents dans plusieurs installations nucléaires.

---

[11] **La voiture qui fonctionne a l'eau au japon**
http://www.dailymotion.com/video/x5sq99_la-voiture-qui-fonctionne-a-l-eau-a_news#.UUYw4Bybrgw
[12] **L'énergie nucléaire sans radioactivité n'est pas un rêve**
http://www.horizons-et-debats.ch/index.php?id=3215

Pour autant, il n'a jamais été invité lors des débats sur l'arrêt des centrales nucléaires obsolètes. Pourtant, il propose de ne plus utiliser le plutonium, mais du lithium dont la fission ne produit pas de radioactivité. Cette connaissance remonte à 1932, les brevets ont été déposés en 1955 et 1975. Sur la base des réserves en lithium, l'on pourrait couvrir les besoins en énergie primaire pour 800 ans sans dégager de radioactivité, ce qui serait tout de même un progrès par rapport à d'autres technologies plus faciles à mettre en œuvre. Mais le lobby du nucléaire, conjointement aux orientations des puissances de l'ombre, a préféré utiliser la filière du plutonium intégrée à celle de l'armement destructeur des écosystèmes des essais nucléaires, 1945 - 1998.[13]

L'ÉNERGIE DISSIMULÉE QUI FERA PROCHAINEMENT L'OBJET DE DÉMONSTRATIONS EXTRAORDINAIRES

L'énergie libre est la pierre de rosette de la physique

Il s'agit de l'énergie de l'univers qui est libre et gratuite. Il n'est pas surprenant que les lobbies maléfiques l'aient occulté. Car qui contrôle l'énergie d'une planète contrôle aussi toute la civilisation. Utiliser le pétrole et le nucléaire, même en faisant abstraction des problèmes et risques majeurs inhérents est un processus qui a fait la fortune d'un cartel appareillé à la gouvernance mondiale occulte, surtout qui lui a permis d'avoir la main mise sur toute la société. Par contre, imaginez ce qu'il adviendrait si tous les pays disposaient d'une source d'énergie infinie, disponible gratuitement en tous points du globe !

Avec des électro-aimants, un système oscillant et quelques composants électroniques, il est facile de produire de l'énergie

---

[13] **Tous les essais nucléaires dans le monde de 1945 à 1998**
http://www.dailymotion.com/video/xfktas_tous-les-essais-nucleaires-dans-le-monde-de-1945-a-1998_webcam

électrique ou mécanique sans aucune limite quantitative, sans consommer le moindre type de carburant. Ceci est rendu possible par la capacité énergétique extraordinaire de l'univers. Cela devrait être l'objet de toutes les recherches en physique depuis plus d'un siècle. Mais **pour le cartel il n'était pas le temps de le faire, car la mise en œuvre correspondante fera l'objet de démonstrations extraordinaires lors de l'inauguration du nouvel Ordre mondial.** Voir notre livre « *Crise économique majeure – Origine – aboutissement* ».

D'autres chercheurs poursuivent les travaux avant-gardistes de Nikola TESLA :

Joël BESSON met au point un générateur électromagnétique mû par la force magnétique, objet du brevet FR 2363929 A1 du 30/03/1978 et d'un 2e brevet FR 2399757 A2 du 2/03/79.

Lakhdar MENZER met au point un générateur à partir de la variation du flux magnétique d'un aimant fixé à une bobine, sans aucune opération mécanique. Brevet FR 2528257 A1 du 9/12/83.

John BEDINI a produit un moteur électromagnétique à force contre-électromotrice. Brevet WO 0152390 A1 du 19/07/2001.

Mike BRADY a inventé une machine à aimants permanents. Brevet WO 2006045333 A1 du 4/05/2006.

William BARBOT crée un générateur d'électricité autonome. Brevet WO 2007103020 A2 du 13/09/2007.

Harold ASPDEN élabore de son côté un autre générateur de même type. Brevet GB 243463 A du 23/05/2007.

Christophe DELOT, s'est appliqué à un procédé de propulsion électromagnétique. Brevet FR 2916316 A3 du 21/11/2008.

Cependant, toutes ses novations brevetées n'ont pas pu être appliquées au bénéfice direct du grand public. Placées sous la haute surveillance et l'opposition de réseaux du lobbying et du cartel occulte, elles n'ont jamais pu être exploitées au profit de la collectivité. Pour les inventeurs, ce n'est pas faute d'avoir sollicité les constructeurs automobiles et les firmes de production d'électricité. Mais à chaque fois, on les a sommés de se taire ou selon l'importance, la portée de l'invention, on les a menacés, à l'exemple de Stanley MEYER et de bien d'autres.

Au 19ᵉ siècle, ce fut aussi le cas de TESLA. Sur le site de Wardenclyffe, ce génial inventeur démontra qu'il était possible de produire de l'énergie par le « vide ». Il s'agissait de l'exciter par un dispositif électromagnétique générant sur une bobine de cuivre des pulses de courant continu supérieurs à 500 kV, dans un laps de temps inférieur à 100 microsecondes. C'est alors que s'ouvrit la porte qui laissa passer pour la première fois cette fabuleuse énergie du « *vide* », dont le potentiel d'utilisation n'a pas de limites, à l'instar de l'univers. Dans les jours qui suivirent, le banquier J.P MORGAN, membre éminent du cartel de la véritable gouvernance mondiale, lui coupa tout crédit.

Par contre, il est tout aussi possible de modifier cette énergie, en moyen de destruction, en l'excitant sur la base des mêmes pulses, mais cette fois avec des séquences supérieures à 100 microsecondes. Dans ce cas, l'on produit une arme redoutable inimaginable, que TESLA nomma rayon de la mort. Au cours du temps, le cartel des esprits supérieurs forts de leurs réseaux d'influence et de corruption a verrouillé toutes les applications progressistes et bienfaisantes basées sur cette énergie. Pour ne retenir et ne produire d'elles que des moyens foncièrement néfastes afin de dominer toutes les composantes animées et inanimées de la planète Terre. Car rappelons-le, relativement aux objectifs millénaristes du cartel, il n'était pas le temps de le faire.

DE NOMBREUSES FAUSSES THÉORIES ONT PERDURÉ

Dans le système éducatif du monde, tout a été orchestré pour qu'aucune connaissance sur l'énergie libre ne soit accessible aux étudiants d'université. Obligation était faite aux professeurs de physique d'enseigner les fausses théories d'EINSTEIN, notamment son refus de valider l'énergie du « *vide* », avant qu'il ne finisse par se rétracter. Mais aussi la relativité générale qui ne décrit pas exactement l'univers dans lequel nous évoluons, suggérant que la vitesse de la lumière ne peut pas être dépassée, étant placée dans une condition de constante absolue. Des expériences faites en laboratoire ont démontré que sous certaines conditions ces ondes peuvent se déplacer plus vite que la lumière (physique quantique) ce que nous démontrons aussi dans ce livre. Il en va de même pour le dogme du Microbisme pasteurien qui a faussé durablement le corps médical et le grand public. En définitive, ces bases soi-disant immuables ont trompé durablement des générations de chercheurs.

D'autres fausses pistes ont été avancées, celles du boson de Higgs, une particule dite à l'origine de la gravité. L'inutilité de la construction d'accélérateur à particules, comme celui du CERN en France, d'un coût de 6,3 milliards €, entièrement financé par des fonds publics. Faire croire au grand public qu'il s'agit d'un bon moyen pour produire à terme de l'énergie propre en grande quantité est un mensonge de plus ! Jamais ce type de recherche ne permettra de produire le moindre kilowatt exploitable industriellement.

En conclusion : tout est mis en œuvre pour que personne ne puisse aller investiguer au-delà du savoir admis par l'enseignement commun. Pour qu'aucun chercheur ne puisse se soustraire aux normes rigides de l'expérimentation conventionnelle. Le plus sûr moyen de faire obstruction à tout progrès d'intérêt général, refoulant toute avancée contraire aux intérêts et objectifs à court et long terme définis par les maîtres occultes du monde.

C'ÉTAIT LE MOYEN DE STOPPER TOUTES LES CENTRALES NUCLÉAIRES DU MONDE.

En 1989, nombre de responsables gouvernementaux et financiers ont passé sous silence, une novation qui pourtant avait fait la « *Une* » du Financial times du 23 mars 1989. Le journal relatait les travaux de deux électro-chimistes, Stanley PONS et de Martin FLEISCHMANN. Ils avaient réussi à obtenir une réaction de fusion nucléaire produisant de la chaleur au cours d'une expérience d'électrolyse relativement simple, utilisant de l'eau lourde. Une expérimentation reproduite ultérieurement par d'autres physiciens qui ont même perfectionné le procédé initial. Une aubaine à portée de main, pour dans un premier temps permettre d'arrêter toutes les vieilles centrales nucléaires du monde. Si besoin était, cela permettait de faire une transition rapide pour la mise en œuvre générale de la technologie de l'énergie du « *vide* » ! Mais aucun budget, ni aucun programme d'application n'ont été décidés. Les chefs politiques aux ordres des lobbies et du cartel ont eu l'outrecuidance d'affirmer que seule la fusion à chaud était réellement opérationnelle.

Si d'autres habitants de l'univers bien intentionnés avaient été ne serait-ce que de modestes gérants de votre Terre, avec plus de six milliards € du CERN ils auraient pu changer allègrement et facilement les conditions de vie de milliards de gens. Imaginez un peu, l'électricité serait gratuite pour tous, en tout point du globe, vos véhicules circuleraient sans la moindre fumée toxique, sans bruit, en utilisant l'énergie du « *vide* ». Plus de stations-service, plus de centrales nucléaires, de pylônes électriques, plus de pollution, de l'air pur pour tout un chacun ! Et surtout plus de guerre pour s'approprier les ressources naturelles de la planète. Mais il faut se rendre à l'évidence, l'actuel système si proche du gouffre est si corrompu qu'il est une INSULTE à l'immense sagesse manifestée dans l'univers, dont l'énergie bienfaisante et infinie est offerte abondamment et constamment à toutes ses composantes. *C'est pourquoi, Il est urgent de vous tirer du sommeil*!

L'IMPACT MAJEUR DES TRAVAUX DE TESLA POUR LA PLANÈTE TERRE

TESLA avait démontré la possibilité de capter cette énergie gratuite et de l'utiliser pour toutes les applications de la vie courante. Même si cette belle perspective a été délibérément écartée, reste que toute la société humaine lui doit la majorité de ses inventions. Parmi elles, le courant alternatif, les lampes à fluorescence, le moteur à induction, la radiotélégraphie, le cyclotron (accélérateur de particules), le radar développé plus tard par les Anglais, la robotique, l'ancêtre de la télévision, dont il projeta l'étendue en un réseau mondial de diffusion. Il conçut les plans de la centrale hydraulique des chutes du Niagara produisant du courant alternatif. Il inventa un appareil capable de capter l'énergie directement du soleil... et déposa environ trois cents brevets. Livre Jaune n° 5, Collectif d'auteurs, éd. Félix Magazine Nexus, n° 37 de 03-04/2005. Il aimait faire la démonstration théâtrale de certaines de ses découvertes. Sur scène, à plusieurs occasions, il fit apparaître instantanément une boule de feu rouge flamboyant qu'il tint tranquillement au creux de sa main, puis sur ses cheveux, sur ses vêtements, finissant par l'enfermer dans une boîte de bois, sans qu'elle ne brûle...

LES INVENTIONS DE TESLA SOUMISES À CONTROVERSE

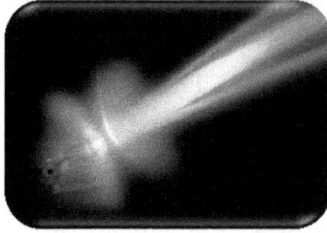

En 1894, il réussit l'expérience d'allumer sans fil 200 lampes à incandescence placées à quarante kilomètres de sa station d'énergie – Il s'apprêtait à réaliser la transmission d'énergie sans câble de connexion entre deux centrales électriques – À fabriquer un engrais d'azote extrait de l'air – À produire avec des lampes inusables une lumière publique diffusant à la manière du soleil – Il disait que 90 % de l'énergie nécessaire à la lumière électrique classique était gaspillée. Aujourd'hui, cent quinze années plus tard, l'on commence à retirer du marché les lampes à incandescence !

En 1898, il utilise un minuscule oscillateur électromécanique fixé à un pilier de fonte traversant un immeuble qui se met à trembler. Les habitants croyant être soumis à un tremblement de terre furent pris de panique. C'est ce type d'amplification du mouvement entrant en résonnance, couplée aux ondes scalaires issues de la cavité de Schumann, qui peut être utilisé au travers du sol jusqu'à générer un tremblement de terre, un raz de marée et/ou modifier les plaques tectoniques.

En 1899, il présenta à la marine américaine un sous-marin électrique à commande radio (télécommandé). La même année, il était proche de l'apothéose lorsqu'il découvrit la nature et les multiples applications en énergie libre de la cavité dite de Schumann. La zone d'espace de 80 km environ, comprise entre la surface de la Terre et l'ionosphère. Elle est parcourue par des ondes électromagnétiques de très basse fréquence d'environ 8 Hertz se propageant sans la moindre déperdition en tous points de la planète, découverte qu'il avait faite en premier - voir le chapitre 5.

TESLA déclara alors :

Ω - **Citation clé** « *Avant longtemps, nos machines* (incluant la composante électrostatique, magnétique, le facteur temps, sur la base d'un appareillage rotatif relativement simple) *seront alimentées par une énergie disponible en tout point de l'univers* ». Extrais d'une conférence du 20/05/1891 à l'American Institute of Electrical Engineers de New York.

En 1908, il s'exprime devant la presse « *Mon dispositif ou émetteur projette à grande distance, sur de petites surfaces, des particules de petite ou de grande taille dont l'énergie est, par trillions de fois, supérieure à celle de tout autre rayonnement. Il me sera bientôt possible de fabriquer des émetteurs capables de détruire n'importe quelle zone en tout point de la planète* ».

Selon ses calculs, l'émetteur pouvait fournir une puissance de cent milliards de watts, ou 10^{10}–16 joules, l'équivalent de 10 mégatonnes de TNT. Huit mois après cette déclaration, le 30 juin 1908 à 7 h 17, une formidable détonation retentit sur la région de Tunguska, proche du lac Baïkal, dans la forêt sibérienne, objet d'une gigantesque explosion couchant à terre tous les arbres dans un diamètre de 100 km, sans faire la moindre victime humaine.

Par la suite, à court de liquidités TESLA vend les terres incluant un autre dispositif dénommé Wardenclyffe, une tour de télécommunication transatlantique sans fil. En 1917, cette installation abritant l'émetteur est rasée. Dans les années 20, l'on commence à s'intéresser à ses inventions. En 1924, le scientifique Grindel MATHEWS annonce la construction d'un émetteur surpuissant semblable à celui de TESLA. À la même époque, des rumeurs circulent disant que les Soviétiques auraient développé un système de défense antiaérien basé sur l'électromagnétisme.

En 1935, TESLA sollicite le financier JP. MORGAN pour l'élaboration d'un système de défense utilisant un faisceau à particules, mais sans obtenir le financement nécessaire. Ce type d'arme à énergie dirigée utilisant des ondes électromagnétiques vers une zone précise était classé destructif selon la fréquence du rayonnement, il avait aussi capacité de seulement neutraliser l'objectif humain ou matériel sans provoquer sa destruction.

En 1931, il avait adapté sur une Pierce-Arrow voiture de série atteignant 145 km/h un moteur à énergie libre ne consommant aucune sorte de carburant, ni pétrole, ni gaz, ni hydrogène, ni eau, ni aucun type contraignant de batterie si vantée de nos jours, ni panneau solaire, autant de techniques antédiluviennes par comparaison à celle avant-gardiste de Nikola TESLA. Imaginez aujourd'hui, le plaisir d'utiliser de tels véhicules, non polluants, silencieux, peu onéreux et surtout garants des écosystèmes.

Des novations qui seront utilisées prochainement pour bluffer le monde entier.

Depuis plus d'un siècle, ses merveilleuses innovations auraient pu être un formidable moyen de renouveau, de changement, pour la vie de tout un chacun. N'est-ce pas le constat d'un immense décalage technologique, et d'une formidable occasion perdue pour tous les habitants de la Terre. Les inventions de TESLA soumises à controverse ne l'ont pas été sous prétexte qu'elles furent risquées, trop onéreuses, ou techniquement inexploitables à grande échelle. L'opposition était liée à nombre d'intérêts financiers. Surtout ces travaux ne devaient pas nuire au futur projet bluffant du cartel.

LE CARTEL MONDIALISTE PERVERTIT LES TRAVAUX ET LES INTENTIONS DE TESLA

En janvier 1943, aussitôt après la mort de TESLA, le FBI récupère tous les documents, textes, schémas, dessins, de ses trois cent brevets pour les remettre à l'Office of Alien Property Custodian (OAPC : bureau fédéral dépositaire de biens ayant appartenus à des ennemis des États-Unis), jusqu'en 1950 l'année de leur retour en Yougoslavie, son pays de naissance. Tout le temps nécessaire pour les photographier et les enregistrer sous microfilms, ce dont le gouvernement yougoslave ne fut pas dupe. Edgard J. HOOVER, directeur du FBI, put aisément transférer ces documents à Philip CORSO, chef du service recherche et développement de l'armée américaine. Il dirigeait une équipe hyper spécialisée de trois mille personnes travaillant sur divers projets classés top secret, aboutis ou en cours d'aboutissement. Ces technologies d'une puissance extraordinaire, à disposition du cartel, aux applications si nombreuses, si sournoises, sont utilisées depuis des décennies à des fins militaires ; à but géostratégique, géoclimatique, à l'insu de la grande multitude des habitants de la Terre.

LES MOTIVATIONS DE TESLA

Renversant contraste d'état d'âme entre les puissants promoteurs d'un nouvel Ordre mondial et Nikola TESLA. Son objectif était de répartir équitablement les diverses productions et richesses naturelles. Première idée, toute simple, réguler le niveau de vie des pays riches au profit des pays pauvres. Maintenir le niveau de vie des premiers tout en aidant à élever le niveau des seconds. Il se souciait des millions d'humains mourant de faim au quotidien à son époque. Il voulait aussi assurer et faciliter à tous l'accès à la communication, comme moyen de développement social et culturel.

Il mesurait mieux que tout autre que le niveau de vie d'une nation est soumis à son approvisionnement et à sa consommation d'énergie, ainsi qu'aux bonnes conditions météorologiques. Qu'avant tout autre facteur, ces deux éléments conditionnent l'économie et la vie sociale d'un pays. Son but était de rendre accessibles et illimités l'énergie électrique et l'éclairage public à tous les habitants du globe afin de favoriser le traitement localisé des matières premières. Puis de les valoriser directement au profit des pays producteurs, en voie de développement.

Il voulait que les peuples du Sud, harassés par la sécheresse, puissent être équipés de pompes captant l'eau des sous-sols. De façon à implanter en grand nombre des arbres, les arrosant régulièrement pour créer des forêts. Jusqu'à permettre à l'écosystème de s'autoréguler et de donner suffisamment de précipitations pluvieuses afin de fertiliser les terres pour qu'elles produisent des cultures vivrières en abondance.

Il savait pertinemment que la nouvelle technologie électromagnétique de l'énergie libre mise au point à des fins civiles pouvait être utilisée à des fins militaires. Il se livra donc à certaines expériences de ce type, assuré que la seule puissance de ces armes serait suffisamment dissuasive pour qu'aucun gouvernement ne songe à l'utiliser. Si Albert EINSTEIN regretta amèrement sa participation décisive à l'élaboration de la bombe atomique, de même TESLA eut un profond remords pour cette formidable erreur de jugement.

Du côté du cartel, les mobiles très purs de TESLA n'allaient pas susciter la moindre vocation, ni sensibiliser d'un iota la conscience des élites mondialistes. Rien ne devait modifier le cours des événements funestes qu'ils avaient planifié, incluant l'utilisation illégitime de la force électromagnétique. Puis pour assurer l'instauration d'un nouvel Ordre mondial hégémonique, universaliste, holistique, païen, les applications mystifiantes, abusantes, de la même force sur la base d'autres technologies associées.

Le potentiel des applications de TESLA rend cette déclaration de 1972 très inquiétante :

Ω - **Citation clé** « *Nous disposons de méthodes capables de provoquer des changements climatiques, de créer des sécheresses et des tempêtes. Ce qui peut affaiblir les capacités d'un ennemi potentiel et le pousser à accepter nos conditions. Le contrôle de l'espace et du climat a remplacé Suez et Gibraltar comme enjeux stratégiques majeurs* ».

Ce sont les propos de Zbigniew BRZEZINSKI, ministre des Affaires étrangères de Ronald REAGAN, expert en géopolitique. Il est avec David ROCKEFELLER, cofondateur et acteur clé de la Commission trilatérale, membre éminent du CFR, du Bilderberg Group, et l'actuel principal conseiller du président OBAMA.

Parmi les moyens mis en œuvre, le volet Welsbach, le plus basique d'entre eux, datant de 1991. Il utilise du baryum et de l'aluminium pour influencer le climat – ce brevet est aujourd'hui entre les mains du plus gros fabricant d'armes au monde – Raytheon – qui détient également l'ensemble des brevets concernant le projet HAARP.

En matière de novation non conventionnelle d'intérêt général, l'on peut constater l'immense immobilisme du milieu scientifique placé sous influence. Le temps perdu à rejeter d'authentiques perspectives sociétales, axées sur les travaux de TESLA en matière d'énergie gratuite et ceux de **KEYNES**[14] en matière d'économie de redistribution de richesses, a été grandement dommageable. En l'état de la situation mondiale, la civilisation ne peut que subir la suite des conséquences de la crise économique majeure et des diverses pollutions. Cela **jusqu'à ce que le cartel organise la mise en scène stupéfiante de son scénario économique et environnemental.**

Au cours des dernières années, les échecs sur les questions environnementales se sont succédé. Copenhague en 2009 et la 17ᵉ conférence des Nations Unies sur le climat de Durban en décembre 2011 se sont caractérisés par la non-action de tous les participants. Il est très probable que l'un des prochains rendez-vous mondial pour résoudre les problèmes économiques du monde s'accompagne d'un accord concret pour résoudre enfin les risques climatiques.

À cette occasion, les procédés fondés sur **les travaux de TESLA**, décrits ci-dessus, inconnus du grand public et des hommes politiques lambda, pourraient être proposés comme une solution avant-gardiste. La centrale aérothermique d'Edgard NAZARE, et l'hydrogène de l'eau convertible en énergie électrique, sont **autant de moyens supplémentaires de faire croire au monde entier à l'émergence d'une nouvelle société humaine** ayant toute latitude et toute capacité pratique à vivre durablement en totale harmonie avec les écosystèmes.

Mais cette offre d'une triple solution globale tant économique, sociale, qu'environnementale, ne sera qu'un effet d'annonce, que l'expression de la tromperie de forces foncièrement malveillantes, très actives depuis le 18ᵉ siècle. Cependant rien n'est jamais perdu, tout espoir est permis, eh ! *Citoyens du monde, prenez courage,*

---

[14] **Keynes, plus actuel que jamais**
http://www.alternatives-economiques.fr/keynes--toujours-actuel_fr_art_633_37727.html

informez-vous objectivement, ne cessez de chercher très activement où et comment trouver une solution universelle fiable et digne de foi !

Puisqu'il vous faut avoir toutes les cartes en main, notre ouvrage permettra de développer l'information sur toutes pratiques cachées, nuisibles, maléfiques, technologiquement planifiées, portant préjudice à l'homme et à son environnement.

ETUDES PROSPECTIVES

La suite de notre investigation s'attachera donc à décrire d'abord l'utilité et les bienfaits de la force électromagnétique naturelle. Puis par contraste, nous dévoilerons toutes les conséquences néfastes de cette force et technologies assorties lorsqu'elles sont utilisées de façon malintentionnée. Dans le but avéré de manipuler l'esprit des individus et des foules – de modifier le climat – d'interférer sur la tectonique des plaques terrestres – de simuler une invasion extra-terrestre, pour ensuite feindre de la repousser et de sauver l'humanité apeurée…

Malgré notre effort de vulgarisation, certaines de ces descriptions restent assez complexes, cependant pour confirmer nos dires et nos prévisions, nous n'avions pas d'autre alternative que de les expliciter, les démontrer, de façon très approfondies. De leur côté, les maîtres du monde, experts dans l'art de la tromperie et de la diversion, ont tout organisé pour faire croire que ces dispositifs n'existent pas.

CHAPITRE 2

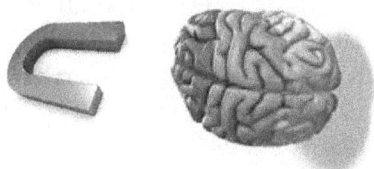

LE SAVIEZ-VOUS ? L'HOMME EST MAGNÉTIQUE

En 1992, au California Institute of technologie, Joseph. L. KIRSCHVINK, professeur de géobiologie et son équipe établirent la preuve que notre cerveau contient en quantité infinitésimale des particules de magnétite (Fe_3O_4) au milliardième de gramme, par gramme de matière, soit environ cinq millions de cristaux par gramme de tissu cérébral. L'équipe constata qu'il est très difficile d'en extraire un échantillon, car la magnétite est dénaturée par le contact avec un instrument de dissection et la poussière ambiante (en partie composée de magnétite).

Une technique de prélèvement consista à diluer des échantillons dans du toluène, puis à les extraire à l'aide d'un puissant aimant. D'autres échantillons de tissus ont été congelés, puis étudiés à l'aide d'un magnétomètre. C'est ainsi que l'équipe découvrit que cette matière était répartie sur l'ensemble du cerveau. L'observation au microscope électronique révéla que la magnétite était concentrée en agglomérat de 50 à 100 cristaux, assemblant plusieurs centaines d'oxydes de fer naturel dans un ordre bien agencé (plan hexaoctahédrique, dit tronqué), les membranes qui entourent le cerveau (méninge) en contiennent environ 70 nano grammes, soit plus d'une centaine de millions de cristaux par gramme de matière cérébrale.

L'on s'accorda pour dire que les diverses zones cérébrales en contiennent de 5 millions à 100 millions par cm^3, ou de 4 à 70 nano grammes par gramme de tissu, sachant que cette proportion de magnétite ne représente qu'une faible part de fer nécessaire au métabolisme du cerveau et de l'organisme. Joseph L. KIRSCHVINK déclara « *si une cellule sur un million en contenait cela aurait néanmoins une conséquence, car la magnétite réagit de l'ordre du million de fois plus que tout autre composant cellulaire, y inclus le fer des globules rouges utile au transport d'oxygène dans le sang* ».

Une structure cristalline spécifique aux organismes vivants, élaborée par des mécanismes biochimiques encore ignorés, sans aucun équivalent dans l'environnement géologique. Cette découverte étonna de nombreux chercheurs qui en parlant de magnétite la situaient uniquement dans la croûte terrestre et l'organisme de quelques espèces, sans se douter qu'elle opérait aussi dans le système nerveux central de l'homme. En 1983 l'on ne prêta même pas attention aux travaux de BAKER qui avait pu extraire un cristal de magnétite de l'arcade sourcilière humaine.

CHAPITRE 3

UN CÉLÈBRE PHYSICIEN ÉTABLIT LA CARTE MAGNÉTIQUE DU CORPS HUMAIN

Au cours des années 1980, Yves ROCARD, physicien et mathématicien, pionnier de la géobiologie sensitive, sur la base des travaux de BAKER, a établi la cartographie des zones magnétiques anatomiques : les arcades sourcilières, l'arrière du crâne (à la base du cou), les omoplates, l'articulation du biceps, les coudes, l'extrémité des doigts, les lombaires (L1 - L5), les genoux, les talons, l'articulation du gros orteil. Une répartition anatomique harmonieuse et utilement liée au sens de l'équilibre. Pour établir un suivi de l'évolution du potentiel magnétique du corps, Yves ROCARD avance l'idée d'établir une carte magnétique personnalisée.

Comment opérait-il : il stimulait les principales zones magnétiques anatomiques avec un aimant, tandis que la personne testée tenait dans le plat de sa main un pendule métallique d'amplification, selon la zone anatomique testée, le pendule effectue une rotation de droite à gauche ou de gauche à droite. Un test normal correspond à une réponse magnétique anatomique, symétriquement par paire (genou – genou...) dupliquée deux à trois fois pour le même test, et inversée, car le passage du flux du côté droit donne une rotation gauche du pendule d'amplification, inversement la zone testée du côté gauche donne une rotation à droite. Toute exception est le symptôme énergétique d'une défaillance physique et/ou congénitale. Pour les suspicieux, ou les incrédules, rien de paranormal dans cette expérience, il s'agit de physique pure.

Il y a trois mille ans que l'homme a fait la première approche de la force magnétique après avoir découvert l'aimant naturel (association de silicium et de Ferro magnétite). Aujourd'hui, la force électromagnétique (EM) est enseignée dans les universités. Sans la Ferro magnétite et sans le silicium la planète Terre serait une planète morte et muette, car ces éléments sont comme l'oxygène et l'hydrogène des catalyseurs (activateurs) qui ont participé à l'élaboration de la vie terrestre.

Le silicium est après l'oxygène l'élément le plus répandu, le monde minéral en contient le plus. Depuis le vingtième siècle, il a permis d'établir les lois fondamentales de la **cristallographie**.[15] Ce qui introduit de nombreuses applications en biochimie moléculaire, médecine, télécommunications, laser, l'ordinateur... Outre son rôle à la genèse de la vie, la **force EM**[16] intervient dans les processus fondamentaux de la vie. Par exemple elle associe divers atomes pour former diverses molécules, elle est donc à la base de l'ensemble des diverses et multiples réactions biochimiques. Les travaux de GOULD et KIRSCHVINK ont débouché sur une découverte capitale, au plan biologique : L'ADN dans sa phase de cristallisation se transformait toujours en Ferro magnétite et en silicium. Le lien qui relie l'élément minéral à toutes espèces vivantes du règne végétal et animal était ainsi établi.

PLUS QU'UN LIEN, LE MÉCANISME EM DES CELLULES EST DÉMONTRÉ

Les travaux de Louis Claude VINCENT démontrent les **propriétés**[17] diélectriques et EM des cellules. Comment se crée

[15] **Cristallographie**
http://fr.wikipedia.org/wiki/Cristallographie
[16] http://jean-jack.micalef.pagesperso-orange.fr/theme_8.html
[17] **CAPTEURS BIOMEDICAUX**
http://michel.hubin.pagesperso-orange.fr/capteurs/biomed/chap_b6.htm

un champ EM par auto électrolyse biologique (la cellule produit sa propre micro électricité via des sérums intra et extra cellulaires (métalloïdes : fer, magnésium, sodium, potassium, cuivre...). Les **cations**[18] alcalins et les **anions**[19] acides génèrent une différence de **potentiel**[20] ($Ph - Rh_2$) à la surface des membranes cellulaires, ainsi qu'un excédent d'ions de potassium pompe sodium/potassium, productrice d'**électrons** chargés EM.[21]

Les travaux de FRÖHLICH (prix Nobel) ont démontré les propriétés dipolaires des membranes cellulaires capables de produire une double zone électrique en surface, dont l'intensité de champ est de l'ordre de 100,000 volts par centimètre (Δ de potentiel de 100 millivolts spécifiquement au niveau de l'épaisseur 10_{-6} cm de la membrane cellulaire). Un niveau d'oscillations électriques longitudinales situé entre 1011 et 1012 Hertz, consécutives aux **liaisons**[22] hydrogènes de molécules géantes et probablement à des amas d'électrons non localisés, **interactions**[23] des électrons ; réactions d'**oxydoréduction**.[24]

---

[18] **Cation**
http://fr.wikipedia.org/wiki/Cation
[19] **Anion**
http://fr.wikipedia.org/wiki/Anion
[20] **Électrophysiologie**
http://fr.wikipedia.org/wiki/%C3%89lectrophysiologie
[21] **Comment fonctionne le cerveau humain ?**
http://tpespf.free.fr/page5.php
[22] **La liaison hydrogène**
http://www.cnrs.fr/cw/dossiers/doseau/decouv/proprie/liaisonHydro.html
[23] http://villemin.gerard.free.fr/Science/PaForce.htm
[24] **La Réduction – Oxydation**
http://www.pansernature.org/Redox.htm

CHAPITRE 4

LA PRODUCTION NATURELLE DE CHAMP ÉLECTROMAGNÉTIQUE (CEM)

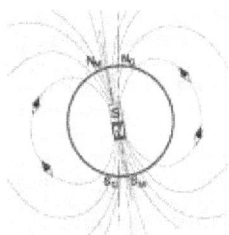

Depuis les profondeurs ferriques (noyau terrestre ou tellurique) de cette Terre jusqu'aux couches ionosphériques (ionosphère), le champ magnétique terrestre est à l'origine du développement de la biodiversité, tout en la protégeant des radiations néfastes, des **rayons**[25] cosmiques en provenance de l'espace.

De la même façon qu'il y a production de CEM par auto électrolyse à l'intérieur de la cellule eucaryote (animale) il y a auto production de CEM par et dans l'immense globe cellulaire qu'est la planète bleue. Au cours de son cycle spatial, la Terre se déplace au travers d'un CEM plus faible, que le sien, ou quasiment nul, ce courant régulier est donc la résultante d'une capacité auto générée, à l'exemple de l'**effet** dynamo.[26] Nombre de

---

[25] **Rayon cosmique**
http://www.futura-sciences.com/magazines/espace/infos/dico/d/univers-rayon-cosmique-2446/
[26] **Effet dynamo**
http://www.futura-sciences.com/magazines/espace/infos/dico/d/univers-effet-

géophysiciens ont approfondi le sujet ; cette théorie fut établie, il y a plus d'un siècle par Eugène PARKER et Stanislav BRAGINSKY. L'on peut supposer que ce principe d'auto production est le même pour les autres planètes et les galaxies de l'univers.

Tout comme la cellule contient des sérums métalloïdes, le noyau externe (dont le volume est plus important que le **noyau interne**[27] de la Terre est composé de métaux à l'état liquide [fer – sodium…). Pour la première fois, en 2007, une équipe du CEA et du CNRS vient de reproduire en laboratoire à partir de turbulences rotatives de sodium liquide un CEM similaire à celui des planètes. Une théorie élaborée en 1919 par le physicien Sir Joseph LARMOR.

Le sodium [NA), est un élément chimique, n° atomique 11, sous forme de métal mou, alcalin, de couleur argentée, très abondant sous forme de composé, exemple dans le sel… Dans la cellule humaine, Na^+ est transporté au travers de la **membrane** plasmatique.[28] C'est un ion métallique, principal cation du milieu extracellulaire qui maintient la pression osmotique (retenant le sérum intracellulaire l'empêchant de passer la membrane semiperméable) et l'équilibre hydrique. *En somme, l'on constate une similitude de moyens pour maintenir la force de cohésion de l'infiniment grand à l'infiniment petit.*

---

dynamo-4748/
[27] **Noyau (planète)**
http://fr.wikipedia.org/wiki/Noyau_%28plan%C3%A8te%29
[28] **Membrane plasmique**
http://www.futura-sciences.com/magazines/sante/infos/dico/d/biologie-membrane-plasmique-780/

CHAPITRE 5

COMPOSITION DES CEM NATURELS ISSUS DE L'INFINIMENT GRAND

L'espace interstellaire est traversé constamment par des rayonnements ou radiations (ou transfert d'énergie) électromagnétiques de diverses fréquences. Ce sont principalement des photons, quanta (**rayons** cosmiques),[29] à des niveaux différents d'énergie, ainsi que d'autres particules, principalement à 80 % des **protons**,[30] des **électrons**[31] des **neutrinos**[32]... Lesquels bombardent la Terre, au point que l'énergie tirée des accélérateurs de particules n'est qu'un infime échantillon de leur puissance.

Lorsque ces particules de haute énergie entrent dans l'atmosphère terrestre elles interagissent avec les molécules de l'air produisant diverses et nombreuses variétés de particules secondaires qui se désintègrent ou, après une succession d'autres collisions, créent une série de nouvelles et nombreuses particules en une gerbe atmosphérique, jusqu'à ce que la majorité de cette gerbe soit absorbée par le bouclier du CEM terrestre et qu'une minorité n'atteigne la Terre. Par exemple un simple proton

---

[29] **Rayon cosmique**
http://fr.wikipedia.org/wiki/Rayon_cosmique
[30] **Proton**
http://fr.wikipedia.org/wiki/Proton
[31] **Électron**
http://fr.wikipedia.org/wiki/%C3%89lectron
[32] **Neutrino**
http://fr.wikipedia.org/wiki/Neutrino

entrant dans l'atmosphère enclenche, selon le niveau de son énergie primaire, l'angle d'entrée, l'altitude de la première collision, une cascade de transformations, une pluie de particules secondaires progressivement absorbées par le CEM.

COMPOSITION DES CEM NATURELS ISSUS DU CYCLE SOLAIRE

Le soleil est la principale source d'entrée de rayonnement ou radiation EM sur la Terre, il est le moyen d'entretenir la vie, sans lui la température moyenne serait celle de l'espace (inférieure à 270° Celsius). Le soleil émet la plus grande partie de ses rayonnements dans une très large gamme de longueurs d'onde, majoritairement dans la partie visible du spectre électromagnétique, en quatre types :

> La lumière blanche, celle qui illumine la surface de la planète Terre, c'est un mélange continu de couleurs dont les longueurs d'onde se caractérisent paradoxalement par un corps noir de 6000 **unités**[33] de Planck – **particules**[34] élémentaires ; lorsque cette lumière traverse un prisme, elle forme un spectre continu aux raies d'absorption étroites.

> La lumière ultraviolette, la composante hautement énergétique du spectre solaire, dont la longueur d'onde est plus courte que celle de la partie visible du spectre et n'est pas détectée par l'œil humain, la majorité des rayonnements ultraviolets à très courte longueur d'onde étant filtrée (90 %) par la couche d'ozone proche de la Terre. Les abeilles voient une partie du spectre ultraviolet.

> Le rayonnement ou radiation infrarouge, ou thermique est invisible à l'œil, il a une longueur d'onde plus grande que

[33] **Unités de Planck**
http://fr.wikipedia.org/wiki/Unit%C3%A9s_de_Planck
[34] **Particule élémentaire**
http://fr.wikipedia.org/wiki/Particule_%C3%A9l%C3%A9mentaire

celle de la partie visible du spectre solaire, la vapeur d'eau de l'atmosphère bloque la plupart des rayonnements solaires infrarouges et en retient utilement une partie (effet de serre).

➢ Les rayons X et ondes radio à 330 MHz.

En Bref : Quelle que soit l'appellation : rayonnement cosmique, vent ou tempête solaire, radiation infrarouge, électron, photon, proton, neutrinos, rayon cosmique, lumière ultraviolette, rayon X, gamma, onde radio, son... **il s'agit d'ondes électromagnétiques** (EM), dont seulement la fréquence et la longueur d'onde diffèrent.

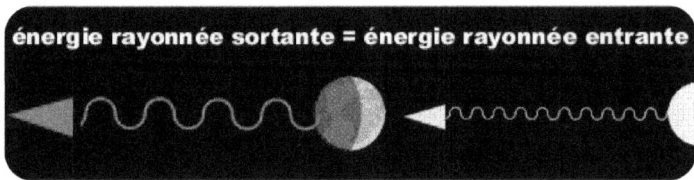

énergie rayonnée sortante = énergie rayonnée entrante

Équilibre entre l'énergie entrante et l'énergie sortante

Ceci est l'élément clé de compréhension de la proportion de l'énergie thermique produite par les CEM solaires et celle réellement conservée par la Terre, quelle que soit l'intensité des rayonnements EM transmis par le soleil. L'astre de la vie réémet la même quantité d'énergie EM dans l'espace, bel équilibre, n'est-ce pas !

La Terre et tout ce qu'elle contient sont une source de rayonnement, ou radiation EM. La plus grande part provient de la partie infra rouge du spectre solaire, à laquelle s'ajoute la désintégration d'éléments radioactifs chimiquement liés aux minéraux du sol et de la roche, chacun de ces éléments émet des rayonnements corpusculaires et EM (radium, uranium...).

CHAPITRE 6

La zone d'ondes magnétiques terrestres stationnaires, dite résonance de

SCHUMANN

Ionospheric EM Wave Propagation

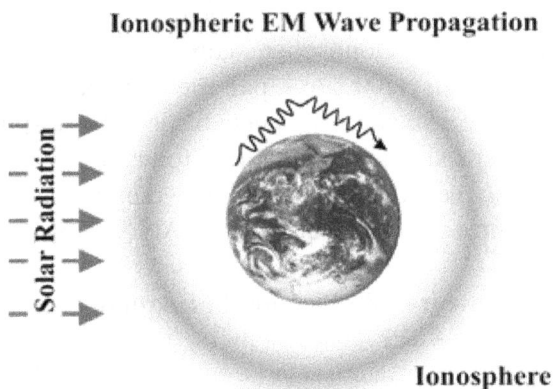

Ionosphere

La zone d'ondes magnétiques de 60 à 80 km, dite cavité de résonance (*au niveau de la flèche en forme de fil téléphonique torsadé*). Zone dans laquelle se situent des vagues d'ondes radioélectriques stationnaires (ORS) d'ultra et d'extrême basse fréquence (ULF et ELF). C'est un phénomène naturel, différencié et non dépendant du CEM terrestre. Cette zone génère sa propre énergie par la différence de nature de charge électrique entre l'ionosphère (+) **rayonnement**[35] ionisant ou plasma (verticalement sur l'image ➤ Solar radiation) et la terre (−) d'où une différence de potentiel

---

[35] **Rayonnement ionisant**
http://fr.wikipedia.org/wiki/Rayonnement_ionisant

estimé à 200 volts par mètre, ce qui introduit une double fonction :

a) D'accumulation d'énergie (condensateur géant qui emmagasine l'énergie électrique solaire et la restitue en un temps donné).

b) D'accumulation couplée à un générateur géant pour produire de l'énergie électrique à partir d'une autre forme d'énergie (vent = électricité pour l'éolienne) ici, ce sont les vents de la radiation solaire, les éclairs qui entrent en interaction avec l'atmosphère en rotation. Un dispositif de haute ingénierie assurant une continuité, pérennité, du cycle électrique de cette zone essentielle à la vie. La Terre et l'ionosphère cumulent chacune plus du milliard de kilowatts (200 volts par mètre x par 60 à 80 km d'épaisseur de la cavité entre la planète bleue et l'ionosphère) afin d'assurer la production (double fonction couplée de condensateur / générateur) de vagues d'ondes magnétiques transversales, dites résonance de SCHUMANN (R.S).

Moyen de percevoir et de mesurer la fréquence - Résonance de SCHUMANN – RS –

Dès 1905, Nikola **TESLA**[36] comprit le rôle d'une **zone**[37] d'ondes magnétiques stationnaires, toutefois il fallut attendre de nombreuses décennies pour pouvoir mesurer que la foudre consomme et libère de grandes quantités d'énergie EM dans l'atmosphère (en moyenne 100 éclairs à la seconde, 20.000 Ampères circulants). Les ondes EM interagissent avec le CEM terrestre, cela génère des vagues dites siffleuses (en référence au bruit enregistré par les radiotélescopes). Les ondes EM de la

---

[36] **Nikola Tesla - Le maitre de l'induction magnétique**
http://www.magnetosynergie.com/Pages-Fr/Precurseurs/FR-Precurseurs-02.htm
[37] **La résonance de Schumann**
http://www.etudesetvie.be/206-la-resonance-de-schumann-dans-les-montres-philip-stein.html

foudre ricochent plusieurs fois entre l'ionosphère et l'état de conductivité terrestre. Étant donné que les ondes ELF et ULF sont très faiblement atténuées dans, par, l'atmosphère, elles peuvent contourner la planète, cela enclenche une interférence dite constructive (deux ondes de même type se rencontrent et interagissent l'une avec l'autre) qui conduit à des résonances EM mesurables (ORS).

Nature atténuée de l'onde de basse fréquence ELF et ULF : son niveau de pénétration dans l'atmosphère est si faible que si l'on utilisait une antenne dipôle, demi-onde émettrice d'une onde à 7,5 Hz (valeur nominale RS) vers un bobinage cela nécessiterait 20.000 km de fil de fer, l'on peut donc en déduire qu'il est quasi impossible de reproduire des ondes stationnaires, ou battements (superposition de deux ondes en opposition), car l'espace utile serait identique à celui du supposé bobinage.

Variation des ondes de RS : l'activité solaire diurne influe sur la variation (modulation et fréquence) de RS laquelle régresse (perte de symétrie) dans de grandes proportions avec l'augmentation de l'ombre nocturne.

Facteurs qui réactivent et influencent la fréquence et l'amplitude de RS : les paramètres électriques de l'atmosphère, le niveau d'ionisation de l'**ionosphère**,[38] le niveau d'activité de la foudre. Quelle est la fréquence moyenne de RS (variable selon l'amplitude de l'activité solaire) de ces ondes dites de résonance de SCHUMANN. Le calcul a été établi en divisant la vitesse de la lumière par une valeur de longueur d'onde, le calcul rapporté à la circonférence de cette Terre donne 7,5 à 7,8 Hertz[39] (cycle par seconde). Les géophysiciens considèrent **la RS comme le rythme du battement de cœur de la Terre. Or, depuis 1987**

---

[38] **Ionosphère**
http://fr.wikipedia.org/wiki/Ionosph%C3%A8re
[39] **Hertz**
http://fr.wikipedia.org/wiki/Hertz

cette fréquence vibratoire s'accélère, plus encore depuis 1997 jusqu'à 11 Hertz, en 2011 sa mesure atteint plus de 12 cycles, alors qu'elle est restée stable au cours des milliers d'années passées. Lorsque sous peu elle atteindra 13 Hertz, où point zéro du champ magnétique, il pourrait se produire un renversement de ce champ, avec des conséquences incalculables.

Selon nous, cette accélération de la fréquence vibratoire est due aux chocs électromagnétiques des 2053 essais nucléaires, notamment ceux réalisés en haute atmosphère, et à des activités électromagnétiques **illicites,**[40] voir les moyens mis en œuvre au **chapitre 14. _Voilà une des sources d'inquiétude pour les habitants de la Terre._**

LE RÔLE DE LA RS :

1) Protéger la Terre des effets magnétiques d'excessives ultra et extrême basses fréquences (ULF et ELF).

Assurer, réguler et accorder (harmonique)[41] **tous les bios cycles**, dont le rythme du fonctionnement biologique des

---

[40] LES RÉCHAUFFEURS IONOSPHERIQUES
http://laroutedegakona.blogspot.fr/2012_02_01_archive.html
[41] RÉSONANCE DE SCHUMANN ET SIGNAUX « RYTHMIQUE » DE LA TERRE
http://www.aci-multimedia.net/connaissance/resonance_schumann.html

espèces végétales et animales. Invisiblement la vie est rythmée par un ensemble de champs oscillants interpénétrés, dont les impulsions, **sous forme de signaux**[42] **de coordination, orchestrent à chaque seconde l'ensemble des états de santé et de bien-être de chacun des organismes reliés au champ électromagnétique global.**

2) Accessoirement, favoriser les communications de radio (réseau artificiel de communication dans la bande 5 à 50 Hz) à longue distance, jusqu'au fond des océans pour la communication sous-marine (77 à 83 Hz). Car dans cette configuration magnétique de l'ionosphère, la Terre et les océans fonctionnent dans un espace cavitaire de résonnance EM d'extrême basse fréquence. Ceci est le principe technologique de radiocommunication appliqué à la résonance de SCHUMANN dit de réfléchissement radio EM d'extrême basse fréquence.

Toutefois, quel que soit l'objectif technologique visé, **modifier ou endommager, la zone de la RS**, *ce stimulateur géant,* **reviendrait à remettre en cause la vie telle qu'elle est harmonieusement organisée depuis des millénaires.**

DÉRÈGLEMENT DU LA RS, DOUBLE IMPACT

1- En se rapprochant du point zéro, le temps qui passe paraît de plus en plus rapide. 24 heures (temps chronos) d'un jour ne sont actuellement que 16 heures effectives (temps biologique). *Avez-vous remarqué le nombre grandissant de gens perplexes, disant que le temps passe beaucoup plus vite, les ondes de leur cerveau en témoignent !*

2- Il est très probable que la principale cause de l'aggravation des conditions climatiques, caractérisées par une multiplication de

---

[42] http://www.neotrouve.com/?p=996

tempêtes, soit aussi le dérèglement de la RS. S'ajoutent les applications EM stratégiques de type HAARP, modifiant volontairement le climat. Voir le chapitre 23.

CHAPITRE 7

POINTS DE CORRESPONDANCE ENTRE LE CHAMP ÉLECTROMAGNÉTIQUE TERRESTRE (CEM) LA RÉSONANCE DE SCHUMANN (RS), LE RYTHME NEUROBIOLOGIQUE DE L'ORGANISME HUMAIN

Depuis quelques décennies le CEM et la résonance de SCHUMANN sont l'objet de grandes variations, notoirement pour la RS. Il existe indéniablement une correspondance entre ces variations et les effets perturbateurs sur le rythme neurobiologique de l'organisme qu'elles introduisent. En particulier les ondes ALPHA du cerveau, de 7 à 13 Hertz, car elles entrent dans la même plage de fréquence que le CEM et la RS. Elles circulent au niveau du cortex cérébral, sont mesurées au moment du sommeil, du rêve.

Les autres ondes sont :

➢ Ondes DELTA de 0,1 à 4 Hz du sommeil profond agissant sur la régénération, en rapport avec la mélatonine ou hormone de croissance.

> Ondes THÊTA de 4 à 7 Hz du sommeil et de la méditation.

> Ondes BÊTA de 13 à 40 Hz en rapport avec la réflexion, la concentration, la cognition, le désir d'apprendre, l'acuité visuelle.

> Ondes GAMMA de 25 à 60 Hz en rapport avec le traitement de données relatives à la mémoire, à l'apprentissage à la perception de la conscience.

Des observations, études et publications, démontrent cette correspondance

> L'on a fait le rapprochement entre les phases de perturbations magnétiques solaires et les désordres comportementaux.

> En 1987 l'étude de Robert BECKER démontra le rapport entre l'augmentation du taux d'admission dans les hôpitaux psychiatriques et de fortes tempêtes magnétiques du soleil.

> Sous la terre, en 1962, l'expérience pénible réalisée par le spéléologue Michel SIFFRE[43] resté sous terre, isolé du CEM et de la RS pendant soixante-seize jours.

> Dans l'espace, bien au-dessus de la zone dite de cavité de RS, de nombreux astronautes ont eu beaucoup de mal à rester hors d'atteinte de l'influence biologique des ondes de basses fréquences issues du CEM et de la RS. Pour tous les individus placés sous la terre ou dans l'espace, les conséquences furent un rythme **physiologique**[44] chaotique, étonnamment et rapidement rétabli par l'émission d'un CEM de moins de 10 Hz. Quant aux vaisseaux spatiaux, ils ont été équipés ultérieurement de générateurs RS

---

[43] LA CHRONOBIOLOGIE
http://lecerveau.mcgill.ca/flash/a/a_11/a_11_p/a_11_p_hor/a_11_p_hor.html
[44] http://www.archives-dossiers-secrets.fr/forum/viewtopic.php?id=543

CHAPITRE 8

LA JUSTE PROPORTION DE CEM, UNE INTERACTION FONDAMENTALE

Sur la planète, la vie est soumise pour partie à l'interaction entre la force électromagnétique globale (solaire – zone RS – terrestre – qui est mesurée à 7,83 Hz par seconde et celle contenue dans nos cellules). Des expériences de connexion et déconnexion du fonctionnement cellulaire, de son ADN et des ensembles protéiques (lesquels régissent les divers processus cellulaires et composent 70 % des tissus) avec des ondes radio ont été validées (Joseph JACOBSON, 2002).

R.MILLER et WEBB (Embryonic Holography 2002) décrivent l'ADN comme un projecteur holographique, ce qui revient à dire que les gènes encodés sont activés par la lumière et les ondes radio (principe de l'**holographie**).[45] Des schémas directeurs organisent dans l'espace et dans le temps l'ensemble des composants de notre organisme, comme s'il s'agissait de la fonctionnalité d'un logiciel d'exploitation appliqué à un bio ordinateur électro-acoustique (ou à ondes, ou encore EM). W.A. TILLER, professeur de Cinétique (étude de l'énergie liée à l'organisme humain), successeur naturel de REICH, ayant étudié la nature des recherches du laboratoire de la Waar d'Oxford, dénommées

---

[45] **Holographie**
http://fr.wikipedia.org/wiki/Holographie

CHRISTIAN ROUAS

ultérieurement psychotronic et radiotronic, déclarait dans les années 1930 que l'énergie fournie par les ensembles cellulaires et tissulaires était supérieure à celle produite par la transformation de la nourriture (**métabolisme - ATP**).[46]

En médecine moléculaire (SEIGNALET – 1986) l'on cite par exemple la tension électrique Trans épithéliale de l'intestin grêle normale de 1000 ohms/cm^2 (ADAMS & coll. – 1993). Tension en deçà de laquelle des macromolécules et/ou divers peptides (fraction de protéines) d'origine alimentaire et bactérienne traversent la barrière intestinale apparemment étanche et entrent, via la circulation sanguine, dans les ensembles cellulaires, dérégulant la fonction de signalisation cellulaire et générant à terme, avec d'autres divers facteurs, un état pro-inflammatoire.

Comme pour l'abeille, ces capteurs en magnétite sont pour l'homme un moyen d'informer le centre d'équilibre du cerveau. S'ils sont sensibles, ce n'est pas pour mesurer le CM, mais seulement pour mesurer les différences de champ. Cette mesure différentielle est le point clé de compréhension. Le cerveau prend en compte les informations transmises par les capteurs et décide de l'action biochimique à mener si le champ varie entre les divers capteurs ou même si anormalement un seul capteur transmet une variation EM particulière, si infime soit-elle, alors la Ferro magnétite émet un champ EM. Les cristaux de silicium captent ce champ, le canalisent, l'interprètent, le diffusent avec la fréquence appropriée aux ensembles cellulaires et tissulaires. Les travaux récents en biologie moléculaire démontrent que l'organisme humain est distribué de millions de réseaux cristallins, liés à diverses zones, lymphatiques…

Sans bénéficier d'autant de comptes rendus techniques, de grands scientifiques tels que PRIORE, Alfred KOESTLER, le

[46] **Bio-énergétique : Introduction au métabolisme**
http://www.uvp5.univ-paris5.fr/WIKINU/docvideos/IfsiGrenoble_1011/lardy_bernard_p01/index.htm

biologiste PANTREZEL avaient saisi l'importance biologique de l'EM. Aujourd'hui, personne ne remet en cause le phénomène électromagnétique et la loi physique qui l'étaye. Cependant la plupart des scientifiques ne s'accordent pas à reconnaître que l'homme soit dépendant de propriétés et de pouvoirs électromagnétiques. Mais, comment en douter puisque les biophysiciens le démontrent !

Ces cristaux de magnétite sont l'expression et le relais de la sensibilité du milieu vivant lié aux champs magnétiques naturels. Puisque sur la planète, les CEM artificiels sont très nombreux, ces deux sources (naturelles et artificielles) se cumulent et produisent des effets néfastes. Dès lors, l'on peut imaginer plus facilement comment les cellules nerveuses incluant de la magnétite (voir le chapitre 2) sont soumises à l'influence contre nature du CEM soumis depuis quelques décennies à un rythme vibratoire effréné.

Nul n'échappe à ce rythme démesuré, car il est banalisé à cinquante fois par seconde. C'est celui du courant alternatif électrique domestique à minima 50 Hz, en moyenne 8 à 20 heures par jour. Dès lors, les ensembles cellulaires entrent en résonnance. L'on comprend mieux pourquoi, en association à d'autres facteurs contre nature (hyper fréquence du wifi, des téléphones mobiles - agriculture dénaturée - alimentation additivée de produits chimiques - médication chimique – vaccination…), l'organisme du plus grand nombre évolue vers un état pro-inflammatoire. La condition préalable à la majorité des maladies de civilisation (tumeurs malignes, maladies cardiaques et nerveuses, troubles psychiques et comportementaux divers). Les CEM naturels cumulés aux sources artificielles sont assurément désastreux pour les composantes neurophysiologiques, le cerveau, les ensembles cellulaires, notamment la signalisation intra et extra cellulaire...

CHAPITRE 9

UTILISATION DES ONDES ÉLECTROMAGNÉTIQUES
DANS LE MILIEU MÉDICAL

Moyen de diagnostic : RMN **Résonnance**[47] magnétique nucléaire, une technique de **spectroscopie.**[48] EEG **électro-encéphalogramme,**[49] consistant en analyse de l'activité électrique du cerveau. Des techniques journellement utilisées.

Moyen de thérapie : Électrothérapie ou physiothérapie, laser, radar, sont journellement utilisés en kinésithérapie et traumatologie dans l'ensemble des centres privés et hospitaliers des pays occidentaux. En Asie, l'on préfère l'acupuncture

---

[47] **Résonance magnétique nucléaire**
http://fr.wikipedia.org/wiki/R%C3%A9sonance_magn%C3%A9tique_nucl%C3%A9 aire
[48] **Spectroscopie**
http://fr.wikipedia.org/wiki/Spectroscopie
[49] **Électroencéphalographie**
http://fr.wikipedia.org/wiki/%C3%89lectroenc%C3%A9phalographie

agissant sur l'énergie vitale répartie sur les 14 principaux méridiens du corps.

Dans les années 1980, des essais prometteurs pour traiter des pathologies de l'appareil locomoteur (paralysies), essais dénommés projet ALGIRO ont été conduits sous la direction du docteur Michel ORENGO chirurgien orthopédiste, chef de service d'orthopédie et de traumatologie du CHU de Pontoise en collaboration avec le professeur Jean Bernard BARON, parmi les pionniers de la magnétothérapie médicale appliquée. Cependant, après avoir obtenu pour cet appareillage des certifications officielles de posturo-graphie et biomagnétisme du centre de formation et de Recherche de la Faculté de Médecine à l'université de Bobigny, de Paris Nord, ces essais ont été remis en cause par la filiale belge d'Alsthom. Puis ces essais ont été abandonnés, sous prétexte de mauvaise gestion globale du groupe dont le siège est en France, cela malgré l'aide financière de l'État français. L'abandon d'une thérapie de plus utilisant un moyen naturel. Le comble étant le rejet du procédé PRIORE – chapitre 10.

CHAPITRE 10

UNE THÉRAPIE DU CANCER QUI NE SERA JAMAIS UTILISÉE

Le 2 février 1981, le Président de la République française donne son accord pour une thérapie du cancer qui ne sera jamais utilisée en faveur du public.

Des années 1950 à 1960, Antoine PRIORE, ingénieur électricien, soutenu de Francis BERLUREAU docteur vétérinaire et de Maurice FOURNIER docteur en médecine, expérimente une nouvelle thérapie, appareillage. D'abord sur des animaux, des plantes et sur quelques hommes sous contrôle médical. En 1960 - 1961, une première commission de professeurs de médecine sollicitée par le maire de Bordeaux porte un jugement décourageant sur le procédé PRIORE apte à traiter avec succès sur des rats la tumeur T8 réputée incurable. Puis une deuxième commission refuse de considérer ces résultats. En 1964, l'institut de cancérologie Gustave Roussy de Villejuif confirme l'efficacité du procédé sur la même tumeur T8 chez le rat à différents stades évolutifs, une première publication est éditée par l'Académie des sciences.

En 1965, un membre de la faculté de médecine de Bordeaux avec sa collaboratrice du Collège de France examine la validité du procédé sur le lymphosarcome 347 du rat, également inguérissable. À un dosage approprié (intensité et durée), ils observent non seulement la régression complète des tumeurs. Mais aussi l'enrayement du syndrome leucémique généralement observable dans ce cas, ainsi que dans le temps, la persistance de l'état général satisfaisant de l'animal après le traitement. Malgré ce succès, l'on met en doute le traitement, disant qu'il n'est pas opérationnel sur des cancers non greffés tels qu'ils ont été réalisés jusque-là sur le rat. Dans la même période, une délégation anglaise de l'Institut du Cancer de Londres fait une expérience identique sur des souris qui rentrent guéries en Angleterre.

Janvier 1996, une rencontre est organisée à Bordeaux avec le directeur de l'institut de cancer de Londres, cette fois l'expérience porte sur une tumeur du rat (non greffée) produite par du benzopyrène ($C_{20}H_{12}$ - hydrocarbure aromatique mutagène et fortement cancérigène, issu au quotidien par le barbecue, la fumée diesel, cigarette, la vapeur de goudron..). Ainsi qu'une expérimentation in vitro sur des cultures de cellules cancéreuses qui finalement sera reportée. Au final, une nouvelle fois les rats franchissent la manche dans le sens du retour, bel et bien guéris.

Les résultats d'ensemble introduisent la conclusion que **le traitement agit sur le renforcement du système immunitaire** plutôt que directement sur l'agent tumoral. Dès lors, l'expérience s'ouvre vers un autre axe, celui du parasitisme. L'on inocule à des rats et souris dès 4 à 5 jours le Trypanosome responsable de la maladie du sommeil et d'une mort assurée. Après traitement, les animaux sont guéris, ce qui fait l'objet d'une publication par l'Académie des sciences en août 1966. À cette même période, Leroy Sommer parvient à réaliser un nouvel appareil PRIORE, dont la description fut répertoriée dans Science et vie d'avril 1971.

En juin 1966, l'on informe une quatrième fois l'Académie des sciences que les animaux guéris six à dix mois auparavant de lymphosarcome ont été à nouveau greffés de lymphosarcome, mais que la greffe ne prend pas. Le traitement à générer durablement une réaction d'immunité contre ce type de cancer. Avril 1967, l'accord de PRIORE avec Leroy Sommer s'interrompt brusquement, car ce groupe industriel en falsifiant un contrat liant les deux parties lui a faussement imposé des modifications techniques qui dé-configurent l'appareil, le rendant inefficace. Paradoxalement, une filiale de St Gobin encouragera PRIORE, mettant au point spécialement pour son appareil une nouvelle technologie du verre. Des fonds seront ultérieurement rassemblés pour permettre de construire un appareil de petite dimension avec lequel d'autres expérimentations, incluant le facteur de la maladie du sommeil, seront à nouveau positivées.

Parallèlement, via une demande de financement faite auprès de la DRME (Direction des recherches et moyens d'essai, un service de recherche de l'armée), l'équipe PRIORE obtient des fonds de l'OMS, pour la mise au point d'un appareil, noté auprès de l'Académie des sciences comme plus performant que le précédent. En mai 1967, une invitation de validation est lancée à une quarantaine de personnalités du milieu scientifique et administratif, une vingtaine l'accepte. Puis dans les semaines suivantes diverses commissions techniques et officielles se réunissent pour faire les mesures nécessaires à reproduire un tel appareillage. Elles ont expérimenté les allogreffes (greffe entre sujets d'espèces différentes) et d'isogreffes (greffe entre sujets de même espèce). Mais elles furent accusées d'avoir faussé ces épreuves en substituant des animaux malades par des sains. C'est pourquoi une autre série d'expérimentations de ce type fut conduite sous la supervision d'un chercheur du CNRS. Les souris sans aucun défaut (lignée pure) ayant reçu le traitement ont rejeté la deuxième greffe issue du même donneur le vrai jumeau (homozygote), ce qui démontre que le traitement stimule la signalisation de reconnaissance du système immunitaire, ce qui a fait l'objet d'un double compte rendu de la DRME, du CNRS.

En 1970, d'autres mesures physiques et d'autres expériences similaires se poursuivent, avec compte rendu de l'Académie des sciences, mais un projet de construction d'un appareil par Antoine PRIORE dans les locaux de l'INSERM est refusé par la direction de cette institution. En 1971, André LWOFF, biologiste, prix Nobel de médecine 1965, fait réaliser des expériences animales et conclut à des résultats satisfaisants. Le récapitulatif des résultats obtenus, sous forme d'un rapport final est publié à l'Académie des sciences, ayant pour titre « *Analyse des rayonnements électromagnétiques émis par l'appareil PRIORE* " convention DRME n° 69.34.693.00.480.75.01. Référence C.N.R.S. 659.04.38.

À la demande de CHABAN-DELMAS, premier ministre, d'autres contacts sont établis, notamment avec la DGRST (direction générale de la recherche scientifique et technique du ministère de l'Industrie). L'article de Pierre ROSSION dans Sciences et vie de 1971 explicite « *Les physiciens sont convaincus que le rayonnement efficace est beaucoup plus complexe que cela, mais pour parvenir à analyser ce phénomène, il faut encore de nouveaux préalables. Il faut lever la méfiance qui a été accumulée envers Mr. PRIORE, par la somme fabuleuse des incompréhensions, des avanies, des insultes et des tentatives d'escroquerie qui l'entourent depuis de nombreuses années. Et il faut qu'un véritable effort de dimension nationale soit développé, pour agir efficacement et pour agir vite* ».

En avril 1972, des crédits sont accordés, non pas à l'inventeur, mais à la société Leroy Sommer. Un appareil plus puissant est construit à Floirac (ce qui stoppe la production du petit appareil). Il est aussitôt expérimenté sur l'animal pendant huit à dix jours, les résultats sont plus rapides qu'avec l'appareil précédent, une publication est faite en ce sens à l'Académie des sciences en février 1975. En 1976, Leroy Sommer obtient une compensation de perte d'exploitation du petit appareil afin de poursuivre l'expérimentation sur le trypanosome, dont les résultats sont publiés à la Société belge de médecine tropicale en 1977 ; puis en France, à l'Académie des sciences, en mai et septembre 1978. Fin de l'expérimentation animale en 1977, le rayonnement de basse fréquence réalisé sur la base des trois générations d'appareil sur le parasite trypanasoma equiperdum présente les mêmes effets biologiques de stimulation du système immunitaire, sans destruction directe du parasite. En octobre, nouveaux traitements de cancers humains avec le petit appareil. Une

Commission médicale est constituée, les résultats sont très encourageants.

LA DÉCOUVERTE LA PLUS IMPORTANTE DU SIÈCLE DISCRÉDITÉE

En décembre 1977, une note est envoyée à l'Académie de médecine, mais la publication est refusée. En 1981, l'amiral Pierre EMEURY, conseiller scientifique de la Présidence de la République découvre l'affaire PRIORE et indique à Valéry Giscard d'Estaing qu'il considère cette découverte scientifique comme la plus importante du siècle. Le 2 février, il demande et obtient du Président, carte blanche pour gérer ce dossier. L'amiral EMEURY demande à l'Académie des sciences de préparer un protocole expérimental qui pour son exécution sera confié aux services scientifiques de l'Armée. Les cancérologues de l'Académie s'accordent à faire traîner la procédure, ils attendent trois mois pour réunir la commission, de plus ils veulent à nouveau faire un rapport de synthèse. Le professeur Jean BERNARD se propose d'en faire la rédaction, il part avec le dossier et ne le ramènera pas. La Commission est morte née avant d'avoir pu être opérationnelle.

Le 10 mai 1981, François MITTERRAND est élu, l'amiral EMEURY part en retraite, un nouveau dossier est transmis à Jean Pierre CHEVÈNEMENT, nouveau ministre de la Recherche, qui décidé à agir exige que l'Académie des sciences remette enfin son rapport. Le 23 mars 1982, la Commission de l'Académie, toujours présidée par Jean BERNARD, déjà en possession de toutes les pièces nécessaires, prépare seulement son pré rapport. Mais elle demande un délai supplémentaire de plusieurs mois pour remettre un rapport final de 23 pages seulement. CHEVÈNEMENT l'enferme dans un coffre pour le soustraire à qui que ce soit, même aux principaux intervenants.

Le professeur PAUTRIZEL père de l'immunologie parasitaire, homme de sciences, de culture et homme de cœur, exemple de simplicité et de bonté, les témoignages ne manquent pas à son sujet, s'intéressant vivement au procédé va devoir insister près d'un an pour en obtenir la communication. Le 2 mai 1983, il obtient enfin le document, mais il est effaré de constater que de nombreuses expérimentations clés n'y sont plus mentionnées.

Ce rapport décrédibilisait complètement le traitement PRIORE, deux lignes seulement indiquaient que le rayonnement était d'un niveau biologique incontestable, mais sans vouloir préciser de quel type précis d'effet il s'agissait. Ce compte rendu était suffisamment flou pour discréditer l'inventeur. Il est assez facile d'imaginer ce qu'Antoine PRIORE a dû ressentir comme amertume et écœurement. Il meurt huit jours plus tard à l'âge de 71 ans, trente-trois ans après avoir fait d'immenses efforts pour élaborer son prototype. Mais sans qu'aucun physicien, ni thérapeute ne puisse reprendre ses travaux.

CHAPITRE 11

LES ARMES EXISTANTES ET PROJETS DE DESTRUCTION ENVIRONNEMENTAUX ENVISAGÉS AVEC L'ÉNERGIE ÉLECTROMAGNÉTIQUE

Les super puissances sont désormais équipées d'armes de grande puissance à effets électromagnétiques, la Russie est à ce jour la mieux équipée. La miniaturisation permet de disposer d'arme de petit volume, au prix de 150 000 $, dont les impulsions délivrent une puissance instantanée de dix gigawatts, suffisante pour détruire diverses installations stratégiques militaires ou civiles, une centrale nucléaire…

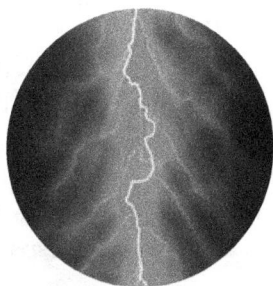

La spécificité des armes EM est le déclenchement à distance et l'action de diffusion sur un large périmètre. À cause de ce double risque, les installations militaires sensibles sont équipées de blindage du type gage de faraday. Tous les centres de pilotage de missiles et autres centres de commande sont reliés à des réseaux de fibres optiques insensibles à ces effets, ce qui n'est pas le cas de la grande majorité de sites civils. Les armes EM non destructives ont pour but de rendre inopérantes diverses structures en paralysant le système de télécommunication, le réseau électrique national, le réseau bancaire, une motrice de train électrique, une alimentation électronique automobile... et pour contrôler à distance le cerveau humain. Dans le cadre de la reprise de la course aux armements, depuis les années 2000 les armes stratégiques militaires EM sont listées non exhaustivement comme suit :

> Le laser, ou œil de chat repère tout système électro-optique non détectable au radar. Relié à un ordinateur, il permet d'éliminer un sniper qui chercherait à se cacher derrière une fenêtre.

> Le **laser**[50] à électron, ou rayon de la mort, utilisé au sol, aveugle et tue l'adversaire, détruit, déstructure la matière de divers matériaux et des tissus humains. Utilisé sur un avion, il détruit les missiles. Dirigé à partir du sol, il détruit un satellite. Expérimenté par l'armée américaine il lui assure la maîtrise de l'espace. Dirigée à partir de l'espace, une nouvelle génération d'une vingtaine de lasers à haute fréquence/énergie, en cours de réalisation par l'U.S Army, peut servir d'arme d'attaque ou de défense globale en direction de la terre, de l'air ou de l'espace.

La e. bombe est un armement regroupant un dispositif EM spécifique, un convertisseur d'énergie et un dispositif de stockage électrique, pour maintenir la charge EM jusqu'à l'explosion déclenchée par un explosif rapide. Deux types existent, un générateur à compression de flux (FCG), un

---

50 **Irak, polygone d'armes au laser**
http://www.geostrategie.com/cogit_content/analyses/Irakpolygonedarmesaulaser.sht
ml

oscillateur à cathode virtuelle (Virtual cathode – ray oscillation). Il s'agit d'impulsions EM identiques à celles se libérant lors des essais atomiques en atmosphère, d'une très forte puissance, plusieurs gigawatts (10^9 watt – pour comparaison 1 gigawatt correspond à la puissance électrique d'une tranche d'un réacteur de centrale nucléaire) ayant un large spectre de basse fréquence à 100 MHz. Le largage d'une e. bombe de 100 kilotonnes (KT) à 110 km d'altitude génère une impulsion EM destructrice sur une surface équivalente à la moitié des États-Unis, mais sans produire de radiation, contrairement à l'arme nucléaire. Cet engin de l'armée de l'air est considéré comme une **arme** dite propre et conventionnelle de destruction massive.[51]

➢ Le générateur EM de petit volume très puissant délivrant des milliers de mégawatts (10^6 watts) à très haute fréquence par nanosecondes. Un but destructif, mais sans ravage de type nucléaire.

➢ Le canon EM d'initiative de défense stratégique aérienne. Un anti missile, tirant des projectiles de 180 grammes à haute vitesse, 2000 mètres par seconde.

➢ L'extension EM scalaire, un procédé permettant de transformer l'énergie du champ EM en énergie de champ gravitationnel et inversement. Le passage contrôlé de l'électromagnétisme à la gravitation n'est pas enseigné dans les manuels occidentaux, car cela n'est pas scientifiquement réalisable. Néanmoins, la Russie a réussi à faire complètement le secret sur cette nouvelle technologie d'une puissance redoutable.

➢ Le projet HAARP, L'ARME ULTIME. Son but officiel est d'étudier plus avant l'ionosphère – de scanner les entrailles de la Terre pour y trouver toute base secrète – d'irradier d'électrons des avions ennemis en vol – d'interrompre toute

---

[51] http://www.jp-petit.org/nouv_f/EMP_bombs/fourdrinier.pdf

forme de communication hertzienne. **Les objectifs réels sont de modifier la météorologie – provoquer un tremblement de terre à distance –** reproduire une explosion aussi puissante qu'une bombe thermonucléaire – **Réactiver des virus**, bactéries, après ensemencement depuis le ciel, en potentialisant leurs effets, dont celui de l'incubation, dans le corps humain[52] – **influencer le cerveau de populations entières**, pour en modifier le comportement.

Avant de développer ce sujet, il est indispensable de décrire plus précisément les travaux avant-gardistes et totalement pacifistes de Nikola TESLA, lesquels ont directement inspiré les promoteurs du projet HAARP à des fins supposées scientifiques, stratégiques. Alors qu'à la suite de notre investigation elles se révèlent destructrices et extrêmement dangereuses pour l'humanité.

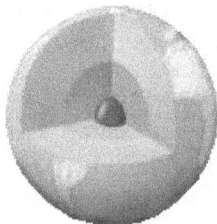

Tout d'abord, TESLA, en 1898, conclut d'un trait de génie, sans calcul mathématique préalable, que l'éclair n'agissait qu'en simple interrupteur avant que la pluie ne tombe, que l'énergie électrique contenue lors de la précipitation était négligeable. Par contre, pensait-il, si l'on pouvait produire l'équivalent électrique d'un orage avec l'intensité voulue l'on produirait gratuitement de

---

[52] **Dr. Barrie Trower - 30 Minute Reality Update**
https://www.youtube.com/watch?feature=player_embedded&v=ZdB-tbzJSrk

l'électricité à la population mondiale. Une bonne méthode pour intervenir sur les conditions de vie de cette Terre en contrôlant favorablement le cycle de l'eau et de l'énergie hydraulique. Le moyen d'y parvenir est axé sur la zone d'ondes stationnaires, dite résonance de SCHUMANN. Elle est composée de puissants champs magnétiques de très basse fréquence. Ils sont dirigés vers le noyau de la Terre pour influer sur le climat. Une zone qui légitimement aurait dû être dénommée TESLA-SCHUMANN (voir les chapitres 6 et 7).

Ces champs EM de basse fréquence (1) sont en partie amplifiés par a) la forte conductivité du manteau terrestre composé de carbonates liquides, forme de carbone (2) b) par l'énergie tellurique géomagnétique du noyau de la Terre (3), *sur le schéma, la zone foncée (orange) autour du point central,* dont la vitesse de rotation est légèrement supérieure à celle de la surface. Une triode (1-2-3) d'amplification se produit, ce que TESLA nommait « *mon émetteur préféré* ».

Selon la fréquence et la direction ces ondes EM - ELF une fois ré amplifiées peuvent, selon la plus forte proportion en carbone de zones du manteau terrestre particulièrement conductrices – soit se décharger dans l'écorce terrestre en provoquant un tremblement de terre – soit ioniser l'atmosphère et influer sur le climat – soit fausser les signaux hertziens – ou de surcroit influencer le comportement mental de nombreuses créatures de la planète Terre.

LES ESPRITS BRILLANTS ONT LA CAPACITÉ D'INFLUER SUR LE CLIMAT ET D'ENCLENCHER DES TREMBLEMENTS DE TERRE

En 1972, le principal fondateur de la Commission trilatérale d'orientation mondialiste, Zbigniew BRZEINSKI, membre du CFR, du Bilderberg Group, ministre des Affaires étrangères de Ronald REAGAN, actuel Conseiller spécial d'OBAMA déclara " *« Nous disposons de méthodes capables de provoquer des changements climatiques, en créant des sécheresses, des tempêtes, ce qui peut affaiblir les moyens capacitaires de tout ennemi potentiel, le pousser à accepter nos conditions. Le contrôle de l'espace et du climat remplace la stratégie de Suez et de Gibraltar comme enjeux stratégiques majeurs ».*

Cependant, en interférant dans l'application naturelle des ondes stationnaires EM dont le rôle originel est bénéfique, en le dénaturant par une amplification artificielle, cela tend à provoquer le chaos climatique de certaines zones géographiques de la Terre. Pour chacune des inventions EM dont la technologie et l'objectif sont le dérèglement, la destruction et la mort, la compétition est féroce entre les deux superpuissances mondiales.

Le 4 février 1983, les ELF, non pas de petites fées animées de bonnes intentions, mais les ondes de très basse fréquence des deux camps (États-Unis et Russie) sont entrées en contact, à l'initiative de la Russie. Le calcul géostratégique du pays émetteur lui permettait de savoir dans quelle zone du globe les orienter afin d'en tirer un avantage climatique, tout en sachant assez précisément évaluer la nature des conséquences néfastes pour d'autres zones géographiques du globe.

Le 6 mars 1983, un article du Washington Post indiquait *« Pour des raisons inconnues, les alizés se sont mis à souffler vers l'est, soit dans la direction opposée à la normale, ce qui a provoqué une sécheresse en*

Australie, une sécheresse accrue en Afrique, des pluies diluviennes au Pérou, de fortes pluies, des tornades, des coulées de boues dans le sud de la Californie ». À l'origine, en temps normal, les alizés soufflent vers l'ouest et poussent les eaux chaudes en direction de l'Australie faisant remonter en surface des eaux plus froides le long des côtes de l'Amérique du Sud. Ces eaux froides, riches en éléments nutritifs, sont très poissonneuses et constituent la principale source de protéines pour les populations côtières.

Si les alizés s'intensifient anormalement, l'océan se refroidit beaucoup trop, abaissant ainsi plus qu'à la normale la température de l'eau le long des côtes d'Amérique du Sud, ce phénomène perturbateur se nomme la Niña, au féminin. El Niño (l'enfant Jésus), au masculin, est une perturbation océanique et atmosphérique qui se produit vers la période de Noël. Les alizés faiblissant, les eaux chaudes sont anormalement poussées vers l'Est en direction première de l'Amérique du Sud, El Ninïo southern oscillation (ENSO) est un phénomène cyclique par période de cinq à sept années. Il s'explique par une variabilité, oscillation barométrique, ou différence de pression atmosphérique le long de l'équateur, activant ainsi au cours du mois de novembre des masses d'air (alizés, vents persistants). Lesquelles poussent vers l'Ouest les eaux chaudes de l'océan pacifique en direction de l'Australie. Techniquement en météorologie, cela s'explique par la rétroaction entre l'atmosphère et l'océan permettant au phénomène El Niño de se développer.

1983, POUR LA PREMIÈRE FOIS, LE PHÉNOMÈNE EL NIÑO S'EST INVERSÉ, CONSÉQUENCES

Or, en 1983, le phénomène s'est anormalement inversé, tel qu'il ne s'était jamais produit. Les vents se sont renforcés, ils ont soufflé vers l'Est, les eaux se sont réchauffées, d'où la famine des populations des zones côtières trop dépendantes de la pêche.

Des régions privées d'eau de pluie sont devenues désertiques et la population a été affamée. Avant que ce dramatique passage d'El Ninïo inversé n'ait lieu, la science météorologique n'avait pas pu recueillir suffisamment de données pour évaluer qu'un tel phénomène était en préparation, car l'éruption du volcan mexicain EL Chichon a embrumé la haute atmosphère limitant ainsi l'observation satellitaire. Contrairement au même phénomène coutumier des trente années précédentes, il n'a pas été précédé par une habituelle et forte activité des alizés le long de l'équateur. Il n'a commencé que plus tard au cours de l'année, pris de court et n'ayant pas d'étude d'antériorité, les services météorologiques ne l'ont pas reconnu comme tel lors des premiers effets.

L'antériorité des premiers signes de reconnaissance de l'anormalité climatique est datée de mai 1982. L'on ne rapporta que la diminution de l'intensité des alizés, soufflant non pas des îles Galápagos jusqu'en Indonésie, mais à l'envers de l'Ouest vers l'Est. Après quelques semaines, l'océan réagissait à cette inversion. Au milieu du Pacifique, à proximité de l'île Christmas, le niveau de l'eau avait augmenté de plusieurs centimètres. En octobre, le niveau marin avait gagné trente centimètres sur neuf mille kilomètres à l'Est vers l'Équateur, tout en donnant l'effet inverse à l'Ouest, occasionnant des dommages aux récifs de corail. La température de surface de l'océan passa de 22° à 28 °C. La réaction en chaîne se répercuta sur la faune marine, les oiseaux de l'île Christmas abandonnèrent leur nidification pour se mettre en quête de nourriture. Six mois plus tard, l'on estima que le quart de la population des phoques et lions de mer du Pérou avait disparu.

Dans les terres, au nord du Pérou, après six mois de précipitation donnant plus de 2500 mm de pluie, les déserts ont été transformés en lacs artificiels aux herbes hautes, générant une nouvelle végétation paradoxale, attirant d'immenses colonies de sauterelles, qui à leur tour ont attiré des batraciens et des oiseaux. Les inondations ont piégé de nombreux poissons dans les lacs, la population de crevettes a atteint des records, ainsi que celle des moustiques introduisant des épidémies de malaria. L'industrie de la pêche a subi le contrecoup de la migration anormale des sardines vers le Sud, dans les eaux chiliennes. La trajectoire des typhons fut déviée anormalement vers Hawaii et Tahiti, la mousson fut déviée de sa ligne d'Ouest, se dirigeant inhabituellement sur le centre Pacifique, causant la sécheresse et d'immenses feux de forêt en Indonésie, en Australie.

CONSÉQUENCES DES ONDES D'EXTRÊME BASSE FRÉQUENCE ET DES ACTIVITÉS HUMAINES POLLUANTES

Ce phénomène à l'origine naturel a été dérégulé par des ondes d'extrême basse fréquence, mais son amplification est aussi le fait des effets des activités humaines industrielles. Parmi lesquelles les rejets de divers polluants soufrés de l'industrie, de raffinage du pétrole, CO^2, méthane, évidemment pas celui des vaches et chevaux ! Voici un premier exemple de conséquences climatiques inattendues, liées à une utilisation illicite d'origine EM.

L'article du Washington Post du 15 mars 1983, complète celui du 6 mars 1983, décrit plus haut :

« Un rapport de la National Science Fondation relate la mort et l'exode de dix-sept millions d'oiseaux de l'archipel des christmas island en Australie ». Sans compter, dans la même période, des millions de petits crabes rouges apparus anormalement sur les côtes sud de la Californie – les migrations irrégulières des poissons – la mort inhabituelle de coraux du Pacifique, de Panama, des îles Galápagos, de Colombie, des îles polynésiennes et de l'ouest des Philippines… L'on peut recouper la mort anormale de ces coraux en sachant qu'un champ magnétique ELF (d'extrême

basse fréquence) influence l'équilibre cellulaire ions – calcium, la synthèse du carbonate de calcium étant l'un des processus vitaux de la majorité des espèces de coraux (observation de SHEPPARD et EINSENBUD de l'institut de l'environnement du New York University Medical Center).

LES CAUSES CACHÉES DU DÉRÈGLEMENT CLIMATIQUE ET DE LA SUCCESSION DE TREMBLEMENTS DE TERRE

L'on peut affecter les premières conséquences de l'actuel dérèglement climatique sans précédent aux premiers rejets de l'industrie lourde, à celui des moteurs thermiques, à l'entame de la destruction des forêts entrepris dès la fin du dix-huitième siècle. Toutefois, depuis les années 1950, seule une infime minorité d'individus connaît l'utilisation intentionnelle d'armes EM artificielles utilisées pour déclencher certains types de dérèglements climatiques et de tremblements de terre. Ces deux phénomènes dévastateurs utilisés géo-stratégiquement par le cartel de la véritable gouvernance mondiale ont été amplifiés suite aux conséquences insoupçonnées des quelques 2000 essais nucléaires officiels de type aérien, sous terrain, sous-marin, sans pouvoir compter ceux qui ont été dissimulés.

Notre théorie porte sur la pénétration sous terre d'un puissant champ EM[53] consécutif aux effets des explosions nucléaires simultanément dans l'asthénosphère et dans la partie semi-fluide du manteau terrestre de 2500 km d'épaisseur, jusqu'au noyau terrestre externe, composé de métalloïdes liquides dont une partie est de même composition que celle du soleil (chondrite).

LES CONSÉQUENCES DES ESSAIS NUCLÉAIRES SUR LE NOYAU TERRESTRE ET LA ZONE DE TESLA-SCHUMANN

Le manteau terrestre est un bon conducteur, par exemple un signal de 16 watts mesuré à 2 mètres, après avoir traversé 100 mètres du manteau terrestre sera de 14 watts, après 200 mètres, de 12 watts, après 300 mètres de 10 watts… Le signal n'est seulement qu'atténué. S'agissant de la puissance EM colossale d'un essai nucléaire, l'impulsion EM de chacun d'entre eux a pu pénétrer profondément jusqu'au cœur du noyau liquide, pour s'amplifier à ce stade par la vitesse de rotation légèrement supérieure du noyau liquide comparativement à celle de la surface du manteau terrestre ; tandis, qu'une autre partie de ce signal s'est propagée en sens inverse vers la zone des ondes stationnaires de TESLA-SCHUMANN.

Pour étayer notre théorie des effets de l'impulsion EM nucléaire, l'on sait que les ondes telluriques, ou fréquences électromagnétiques d'un grand séisme se propagent facilement avant, pendant et après le tremblement de terre, en sens inverse de l'intérieur du noyau tellurique jusqu'à la surface du sol. Contrairement à ce que l'on pourrait croire, la détection de ce type de fréquence tellurique n'est pas enregistrée localement, à proximité immédiat du séisme, mais à l'échelle du globe. C'est

---

[53] Voir au chapitre 25, les sous titres – comme pour la détérioration artificielle du climat, des pays protestent – les conséquences sur la ceinture de radiations de Van Allen.

dire **l'imbrication existante des ensembles sonores EM naturels**, ou harmonique sphérique de l'espace, ou signature géométrique de l'univers. Or, depuis quelques décennies, **ces ensembles ont été délibérément amplifiés et conséquemment durablement désorganisés par la folie hégémonique du pouvoir politico-militaire** aux ordres du cartel de la gouvernance mondiale occulte.

La surabondance de l'activité EM artificielle fait décroitre le champ magnétique terrestre, inversement fait augmenter la fréquence des ondes stationnaires

Sachant que sur de très longues périodes de temps la Terre garde la trace des variations de l'intensité et de la direction de son champ magnétique antérieur. En 1987, à la suite des deux mille essais nucléaires officialisés, et des multiples expériences de type HAARP, cette activité EM s'est amplifiée, atteignant 8,9 Hertz (effet exponentiel par reconnexion magnétique). Une décennie plus tard, en 1997, la fréquence moyenne des ondes de la zone de résonnance de SCHUMANN (**RS**), véritable battement de cœur planétaire, s'est encore amplifiée passant de sa normalité millénaire de 7,5 Hertz à 9 Hz (cycle par seconde) puis à 12 Hz en 2011. L'astrophysicien Greg BRADEN dit que *les conséquences seront incalculables lorsque la planète atteindra 13 cycles, au point zéro du champ magnétique.*

Cette surabondance d'activité EM consécutive aux milliers d'essais nucléaires et aux très nombreuses émissions - réémissions d'ondes de hautes fréquences artificielles émises depuis la terre et réfléchies par l'ionosphère (programme américain et russe du type HAARP – voir les chapitres 13 et 14) fait décroître l'intensité du champ magnétique terrestre. Mais inversement fait augmenter la fréquence des ondes stationnaires RS.

LES SUPER PUISSANCES N'ONT CESSÉ DE DÉVELOPPER LA TECHNOLOGIE DES FLUX ÉLECTROMAGNÉTIQUES

Depuis 1945, il semble évident que ces effets climatiques néfastes consécutifs aux seuls flux EM thermonucléaires opérant entre le noyau tellurique et la zone de RS ont été dûment observés, interprétés et répertoriés par les services scientifiques des armées. Dès lors, la mesure du potentiel capacitaire de ce phénomène a d'autant plus incité et orienté les deux super puissances à développer intensivement la technologie utilisant les flux électromagnétiques artificiels seules expérimentations autorisées suite au traité de complète interdiction des essais nucléaires de 1996, plutôt qu'à améliorer les simulations nucléaires.

Depuis de nombreuses décennies, le prétexte d'une volonté du maintien de la paix mondiale par la persuasion de la terreur nucléaire est dans un cul-de-sac, tant du point de vue de la limitation de la stratégie politico-militaire que de la crainte extrême qu'elle suscite pour toutes les parties en cause. C'est pourquoi les deux super puissances ont concentré leurs efforts technologiques sur la capacité cachée, très discrète, mais tout aussi redoutable de la puissance électromagnétique artificielle appliquée à **de nouvelles armes d'intervention tactique tant militaire qu'environnementale**. C'est dans ce contexte de transition que de multiples programmes climatiques et telluriques de ce type ont été mis au point, que de très nombreux essais et interventions ont été planifiés et appliqués. **La somme de ces manipulations électro physiques est désormais inscrite dans la montée en puissance du dérèglement climatique, qui en l'état est irréversible.**

LA MAINMISE SUR LE CLIMAT ET LES ÉCOSYSTÈMES, UN ASSERVISSEMENT FUNESTE

En 1983, année du changement de cycle du courant océanique, le monde n'a pas su qu'il avait à faire à El Ninïo, façon russe. Ce courant océanique s'est perturbé, car il a subi une inversion directionnelle due à de puissantes ondes ELF émises par la Russie, dont les propriétés de déstabilisation géophysique ont modifié la direction naturelle des alizés, amenant ainsi toutes les catastrophes humaines, animales et matérielles répertoriées cette année-là. Voir les détails de ce fait du 4 février 1983 rapporté plus haut.

Cette modification artificielle, intentionnelle du climat d'origine électromagnétique visant à provoquer un changement climatique favorable sur une partie de la terre **n'est réalisable qu'en défavorisant le climat sur une autre zone géographique.** Ce modèle de modification artificiel ne peut donc pas trouver d'équilibrage climatique, dans le rapport favorable/favorable, quelle que soit l'orientation et/ou la puissance d'émission électromagnétique que l'on utiliserait à cette fin. Depuis plusieurs décennies, les humains subissent sans le savoir l'asservissement funeste de la main mise sur le climat et les écosystèmes, un apprentissage luciférien organisé par le cartel mondialiste.

SCHÉMA D'ÉMISSION ET DE RÉFLEXION D'ONDES ÉLECTROMAGNÉTIQUES ARTIFICIELLES DE TRÈS FORTE PUISSANCE À PARTIR DU DISPOSITIF HAARP

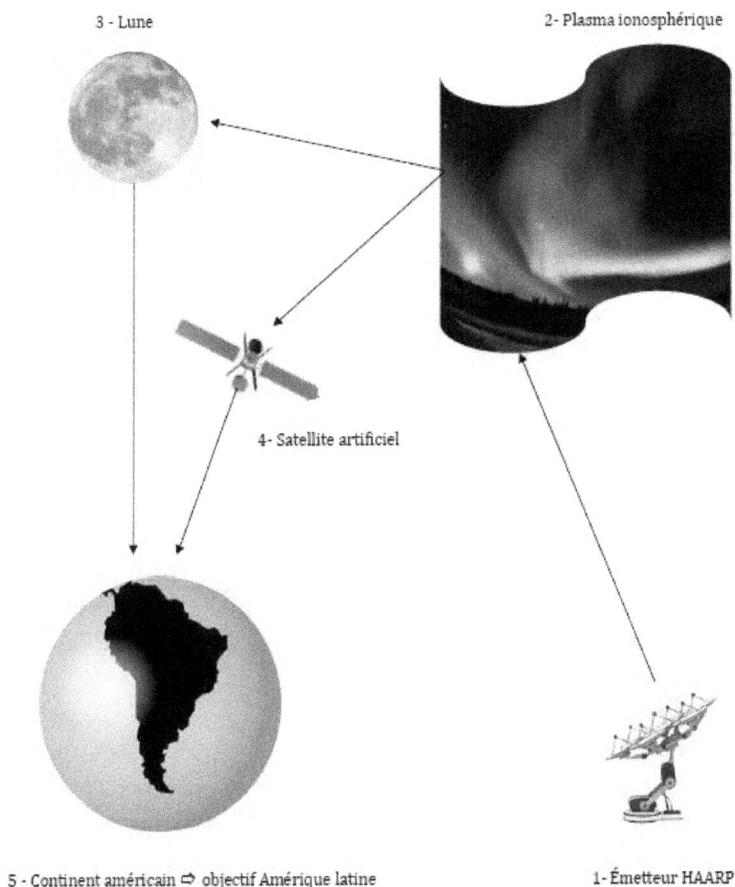

3 - Lune

2- Plasma ionosphérique

4- Satellite artificiel

5 - Continent américain ⇨ objectif Amérique latine

1- Émetteur HAARP

Abrégé : Émission vers l'ionosphère d'ondes de hautes fréquences (HF), amplifiées de manière phénoménale au cours de leur ascension vers l'ionosphère. Elles génèrent ainsi un champ d'un nouveau type de particules qui n'appartient pas au spectre des ondes électromagnétiques, mais au champ de tachyons, ou mer de neutrinos. Elles sont ensuite redirigées vers la Terre, cette fois sous forme d'ondes d'extrême basse fréquence (ELF), via la lune, ou via des satellites artificiels. (voir le procédé opératoire au chapitre 14, et pour tachyons le chapitre 15).

L'émission d'ondes EM d'un dispositif de type HAARP est élaborée **en quatre étapes** :

Depuis la Terre à l'aller : a) potentialiser les ondes EM ou ondes radio en soumettant les photons à un champ électrique de 800 millions de volts par cm^3, ils entrent ainsi en phase rotative ou champ de tachyons, le champ acquiert une énergie colossale, exprimable en térawatts, laquelle sera exponentiellement amplifiée en quatre phases complémentaires :

a1) Amplifier et coupler l'énergie des ondes EM avec la force électrique géomagnétique du champ magnétique terrestre (CMT) pour la transformer en champ de tachyons. Voir le chapitre 15.

a2) Arracher par une puissante montée en température jusqu'à 1600 °C le potentiel électrique des électrons de l'azote et de l'oxygène et de toutes les autres composantes de l'atmosphère, dès les 30 premiers kilomètres de l'ascension des ondes EM, potentialisées en a1).

a3) Arracher de la même façon qu'en a2 les électrons des molécules de composition de la haute atmosphère dès 60 km et les électrons et protons des particules subatomiques jusqu'à 800 km d'altitude, selon le niveau visé de la couche ionosphérique.

a4) Coupler les électrons et les protons des particules subatomiques qui composent le plasma ionosphérique du courant auroral jusqu'à obtenir une puissance finale ascensionnelle et stationnaire (a1 – a4) phénoménale exprimable en millions de térawatts (10^{12} watts).

Depuis l'ionosphère, le retour des ondes EM vers la Terre, les océans, est réalisé en deux étapes :

1) Les ondes EM d'une puissance phénoménale – a4 – sont réfléchies sans aucune déperdition d'énergie vers la Lune. Cet astre est équipé d'un réseau de réémetteurs, positionnés sur un plan horizontal de 90 degrés par rapport à l'axe magnétique nord terrestre, qui transfèrent ces ondes vers la Terre, les océans, et/ou l'espace.

2) Ces ondes en l'état d'énergie scalaire ne sont ni dé potentialisées par l'atmosphère, ni par le CMT, car la technologie d'électrodynamique quantique d'ultra relativité permet de transformer l'énergie du champ EM en énergie de champ gravitationnel et inversement. Comment ?

L'énergie scalaire est générée par une vague et une anti-vague d'ondes propagées dans ou vers un espace, ces deux vagues sont, du point de vue physique, à l'identique. Elles se distinguent des ondes hertziennes en étant déphasées de 180° – temps – période – pendant laquelle une onde est envoyée avant l'autre. Voir le chapitre 16, l'espace-temps, l'exemple des cailloux jetés dans un lac – et celui du piston frappant l'eau au chapitre 24, point n° 2.

Voir l'animation :[54] *clic sur train d'ondes* Avec le point ● rouge, régler les niveaux S1, S2 et S0 jusqu'à obtenir sur la partie gauche du cadre une valeur de 11,72 pour L1, et de 14,28 pour L2, delta : L2 – L1 = 2,56 cm ; le train d'ondes se fera au point M sans que les deux ondes de même nature ne se touchent. *C'est amusant et facile à faire !*

---

[54] http://web.cortial.net/bibliohtml/tr_ond.html

Le parcours des ondes scalaires est une succession de déphasages, d'enroulements en rotation de champ de tachyons, comme le ferait une spirale, ou le centre d'une tornade. Mais à ce stade il s'agit d'un champ plutôt que d'une onde, laquelle nécessiterait un support (fil, rayon…). Cette capacité de l'état rotatoire permet de transformer l'énergie du champ EM ainsi généré en énergie de champ gravitationnel. Voir le chapitre 14 – Logistique – et procédé opératoire.

Par exemple, pour atteindre à distance les cellules vivantes, agir sur le système nerveux central, cela dépendrait principalement du calcul du contrôle de phases, plutôt que de la puissance émise. S'il s'agit d'un but destructif (objet, homme…) ou d'un but, dont la visée est modificative (climat, masse), c'est un autre type de calcul de phases et de puissance qui est programmé. Sachant que l'énergie scalaire pénètre la matière solide sans perte d'intensité, de potentialité, augmentant ou diminuant même la masse de la cible animée ou inanimée.

CHAPITRE 12

DESCRIPTION ET UTILITÉ DE LA FORCE ÉLECTROMAGNÉTIQUE NATURELLE

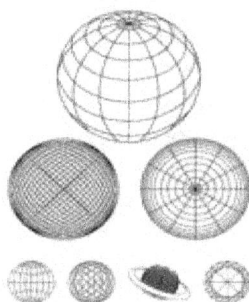

L'ensemble des planètes et des corps astraux de plus de 300 km de diamètre de forme sphérique, dont la masse est importante se trouve sous la domination de la gravitation (gravité). Tout élément animé (homme, animal, insecte…) ou inanimé (tous les objets, maison…) de faible masse se trouve sous la domination de la force électromagnétique, laquelle en assure la cohésion interne. La force EM est celle dont on comprend le mieux le principe et les interactions. Elle présente des analogies avec la force de gravité, la portée infinie est l'une d'entre elles.

Pour la force EM, le boson de médiation est le photon dont la masse est nulle, son rayonnement n'a donc pas de limitation de portée dans le cosmos. Une connaissance qui unifie électricité et magnétisme. Autrefois, l'électricité et le magnétisme étaient deux concepts distincts, en effet quel rapport semble exister entre la force qui oriente l'aiguille d'une boussole et le courant électrique qui éclaire une lampe.

Dès 1820, OERSTED démontre que le passage d'un courant électrique dans un fil conducteur oriente l'aiguille d'une boussole, le courant électrique créant un champ magnétique. En sens inverse, le mouvement continu d'un aimant dans un fil disposé en boucle génère du courant électrique, voici établi le principe de fonctionnement de la dynamo.

En 1873, le physicien J. C. MAXWELL sur la base de ses équations unifie l'EM établissant que la lumière est une onde ou un ébranlement EM. L'interaction EM, par définition un échange, ici en l'occurrence d'énergie, entre deux éléments d'un système de structuration de la matière, que l'on qualifie avec un certain arbitraire de positive et de négative.

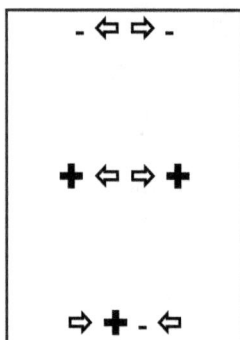

Deux charges de même signe, dit positif ou négatif se repoussent, alors que deux charges de nature opposée s'attirent.

Petite expérience : modeler un sac plastique, le mettre en boule, approcher le très près d'un fin filet d'eau du robinet, il ne se passe rien. Maintenant, frotter le sac sur votre pull-over, ou sur de la laine, positionner le à nouveau très près du fin filet d'eau du robinet, si le sac a été suffisamment frotté, le fin filet d'eau sera dévié de sa trajectoire gravitaire, ceci est une expression de la force EM.

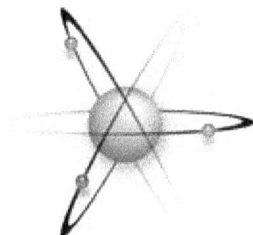

Fondamentalement, le constituant de la matière, le noyau de l'atome, est chargé positivement, les électrons gravitant autour de lui (les 3 petites boules sur l'illustration) ont une charge négative. La recherche sur l'infiniment petit se poursuivant sur la base de quarks, au nombre de six, dénommés Down (bas) – Up (haut) – Strange (étrange) – Charm (charme) – Bottom/Beauty (beauté) – Top/Truth (vérité). Ils forment les nucléons ou baryons qui eux-mêmes forment les protons et neutrons, les constituants du noyau d'atome (cercle orange au centre). Ils fonctionnent par trois et sont inséparables, il n'existe donc pas de quark libre.

Ces infimes particules ont une charge électrique et sont liées à une des quatre forces fondamentales régissant l'univers, celle de l'interaction forte, dite force nucléaire forte, laquelle ne s'applique qu'aux quarks. Leur fonctionnement s'illustre par l'usage de la tension maximale d'un élastique, plus les quarks sont éloignés, plus l'intensité de la force qui les relie est élevée (cas contraire pour la force de gravité).

Par contre, proches les uns des autres les quarks sembleraient évoluer librement sans aucune forme d'attache. C'est la liberté dite asymptotique, plus la distance entre les quarks s'approche de zéro, plus les quarks sont apparemment libres les uns par rapport aux autres, mais dans un périmètre restreint. C'est à partir des quarks que seraient construits tous les hadrons (particules sensibles à l'interaction forte). Le niveau de charge électrique des particules élémentaires est à rapprocher de leur rôle diversifié dans les interactions électromagnétiques, notamment leur sensibilité aux champs électriques et magnétiques. Pour pouvoir décrire les interactions entre les quarks, les physiciens ont défini un nouveau nombre appelé couleur. Il joue un rôle fondamental dans l'interaction forte, au même titre que la charge électrique pour les interactions EM.

En 2004, le prix Nobel de physique a été décerné à trois Américains qui ont été les premiers à décrire cette liberté asymptotique dans les années 1970 : David POLITZER, Frank WILCZEK et David GROSS. Ces chercheurs ont également attribué une couleur aux différents types de quarks : rouge, bleu et vert, une valeur symbolique correspondante en fait à un tiers de charge électrique. En les nommant ainsi, il plus aisé d'analyser le rôle tripartite des quarks remplissant leur rôle toujours par trois : Pour obtenir un nucléon blanc, il faut mélanger un quark bleu, un quark rouge et un quark vert, tout comme il faut mélanger toutes les couleurs de l'arc-en-ciel pour reconstituer la lumière du soleil. Cette description des quarks s'appelle la chromodynamique quantique, une approche qui a permis aux physiciens de beaucoup mieux comprendre la façon dont est organisée la matière.

L'atome, ou la molécule étant théoriquement électriquement neutre, l'interaction intrinsèque n'a que peu d'effet à grande échelle sur les autres éléments structurés de l'univers. Comme pour les quarks, l'interaction EM assure principalement la cohésion (absence de dispersion) des atomes en liant les électrons. Partant de cette cohésion centrale de l'atome, l'interaction EM est à la base de tous phénomènes électriques et magnétiques, dont la création d'ondes EM (lumière, ondes radio, ondes radar, rayons x…). Tout comme elle est à la base de toute structuration biologique et biochimique par combinaison d'atome en molécule. Ceci permet d'expliquer la quasi-totalité des phénomènes du vivant, la pesanteur mise à part.

En l'état actuel des connaissances, l'univers est gouverné par quatre forces fondamentales : la force forte, la force faible, la force électromagnétique et la force gravitationnelle. Chacune d'entre elles se distingue par une portée et une intensité différente. La gravité en est la plus faible, mais de portée infinie (positionnement structurel réciproque de chaque élément infiniment grand ou petit existant dans l'univers). La force électromagnétique également de portée infinie est plus puissante que la gravitation. La force faible et la force forte ont une portée limitée n'agissant qu'au niveau des particules subatomiques (de taille inférieure à l'atome, les quarks par exemple). La force faible est d'un niveau de puissance supérieur à celui de la gravité. Dans une sphère limitée, la force forte est par définition la plus puissante des quatre interactions.

À ce jour, la connaissance conventionnelle enseignée dans les universités de ce qui résulte de trois des quatre forces fondamentales est l'échange de particules porteuses, dénommée force des **bosons**,[55] chaque force disposant d'un boson particulier, pour la force forte c'est le **gluon**,[56] pour la force électromagnétique c'est le **photon**,[57] pour la force faible ce sont les supposés bosons de type W et Z et le boson de **Higgs**.[58] Quant à la particule de gravité, l'on ne sait pas encore la déterminer et probablement jamais.

Aujourd'hui voici la brève description très limitative que vous pouvez avoir du monde subatomique. Toutefois, bien que la gravité soit la plus familière des forces, elle n'entre pas dans ce modèle de définition, lui trouver une place se révèle une tâche

---

[55] **Boson**
http://fr.wikipedia.org/wiki/Boson
[56] **Gluon**
http://fr.wikipedia.org/wiki/Gluon
[57] **Photon**
http://fr.wikipedia.org/wiki/Photon
[58] **Boson de Higgs**
http://fr.wikipedia.org/wiki/Boson_de_Higgs

ardue. La théorie quantique[59] est utilisée pour décrire le monde microscopique autant que le monde macroscopique (l'immensité). Le cosmos est décrit partiellement par la théorie de la **relativité** générale.[60] Cependant aucun physicien ou astrophysicien n'a réussi à établir une compatibilité mathématique de l'ensemble des quatre forces dans le cadre de cette description conventionnelle. *Au-delà de la physique classique, un segment scientifique qui n'inclut pas les atomes et particules.

Dans le domaine de la recherche de l'organisation de la vie, si l'on situe la recherche à l'échelle microscopique (particules, ou physique des particules) l'effet de la gravité ne nuit pas à l'extension du savoir. La difficulté se prononce lorsqu'il s'agit d'amas importants de matière (planète, corps humain). À ce niveau, si le modèle conventionnel permet de poursuivre la recherche tout en excluant de fait la gravité, reste d'importantes questions au sujet desquelles l'intelligence acquise par le modèle commun ne peut pas répondre. Citons l'**antimatière**[61] et la nature de la **matière noire**…[62] aucune expérience à leur sujet n'a pu établir par l'observation opérationnelle de preuve irréfutable.[63] Pourtant l'investigation doit être poursuivie dans l'immensité organisationnelle cosmique de l'univers - dernière nouvelle sur la matière noire.[64]

---

[59] Au-delà de la physique classique, un segment scientifique qui n'inclut pas les atomes et particules.
[60] **Relativité générale**
http://fr.wikipedia.org/wiki/Relativit%C3%A9_g%C3%A9n%C3%A9rale
[61] **Antimatière**
http://fr.wikipedia.org/wiki/Antimati%C3%A8re
[62] **Matière noire**
http://fr.wikipedia.org/wiki/Mati%C3%A8re_noire
[63] Voir au chapitre 1 – de fausses théories ne sont pas révélées afin de refouler toute innovation utile.
[64] **De nouvelles informations sur la matière noire révélées par Planck**
http://www.journaldelascience.fr/espace/articles/nouvelles-informations-matiere-noire-revelees-planck-4300

Depuis quelques années, l'on affirme que la théorie conventionnelle a pu s'étayer progressivement, principalement, au travers l'existence du surnommé « *particule de Dieu* » le boson de Higgs, nommé boson **scalaire** massif,[65] et sur le constat de la dimension indéfinie du monde subatomique. Les expériences conduites auprès du grand **collisionneur** d'hadrons[66] permettront-elles de trouver quelques éléments **manquants** ?[67] Ou serait-ce plutôt une démarche inutile, très onéreuse, sans lendemain, car il est impossible de tout savoir sur l'univers !

---

[65] **À la découverte d'une nouvelle particule!**
http://www.ulb.ac.be/ulb/presentation/Boson.html
[66] **L'incroyable défi : recréer le « Big-Bang »**
http://www.lepoint.fr/actualites-societe/2008-09-10/regardez-l-incroyable-defi-recreer-le-big-bang/920/0/272657
[67] **La lumière sera bientôt faite sur le boson de Higgs**
http://www.maxisciences.com/boson-de-higgs/la-lumiere-sera-bientot-faite-sur-le-boson-de-higgs_art16512.html

CHAPITRE 13

L'UTILISATION DE LA FORCE ÉLECTROMAGNÉTIQUE ARTIFICIELLE DANS LE CONTEXTE ENVIRONNEMENTAL CONTEMPORAIN

L'IMPASSE DE L'ARMEMENT NUCLÉAIRE ORIENTE DES EXPÉRIMENTATIONS CACHÉES AVEC LA FORCE EM

Dès à partir des années 1950, l'ex-URSS et les États-Unis entrevoient à moyen terme l'impasse militaire de leur programme d'armement nucléaire tactique. Les deux superpuissances s'orientent donc sournoisement vers les multiples expérimentations cachées avec la force EM artificielle. Contrairement à l'impact de la terreur thermonucléaire, ces nombreuses applications sont totalement méconnues du grand public, dont l'inimaginable capacité géostratégique de modification climatique, tectonique, opérationnelle en temps de paix relative.

Dans les années 1980, l'ingénierie soviétique et américaine était suffisamment performante pour interférer avec l'ionosphère afin d'influer directement sur le climat, par de brusques variations caractérisées par des ouragans, la sécheresse, l'inversion des vents marins… (CHOSSUDOVSKY, 2000).

Rappel de la déclaration en 1972 de Zbigniew BRZEINSKI, membre du CFR, du Bilderberg Group, ministre des Affaires étrangères de Ronald REAGAN, actuel Conseiller spécial d'OBAMA, membre éminent du cartel mondialiste « *Nous disposons de méthodes capables de provoquer des changements climatiques, en créant des sécheresses, des tempêtes, ce qui peut affaiblir les moyens capacitaires de tout ennemi potentiel, le pousser à accepter nos conditions.* **Le contrôle de l'espace et du climat remplace la stratégie de Suez et de Gibraltar comme enjeux stratégiques majeurs** »

Nord

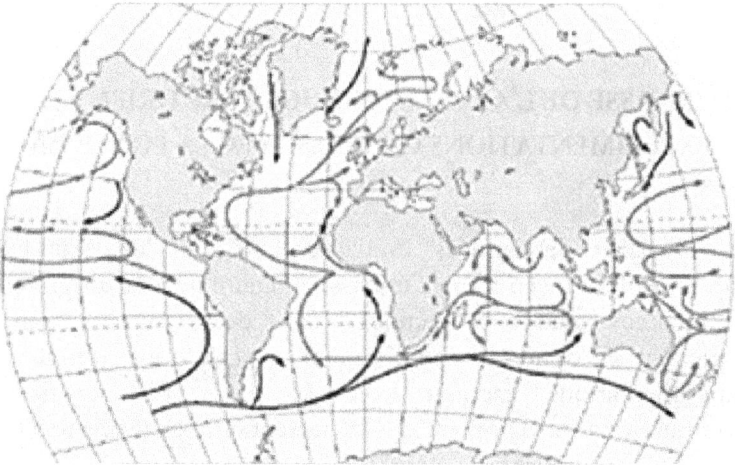

Sud

Le GULF STREAM

Courant chaud trait plus clair (orange) - Courant froid trait plus foncé (vert)

La mise en action de puissants émetteurs EM eut pour premiers effets de modifier le parcours jusque-là invariable du Gulf Stream soumis au thermosiphon des eaux froides du Groenland, plus denses (température plus froide et salinité plus élevée). Celles-ci descendent dans les fonds océaniques et sont remplacées par des eaux plus chaudes venant du Golfe du Mexique se refroidissant et descendant à leur tour pour assurer ce cycle. Le courant de surface sud-nord est chaud et le courant de profondeur nord-sud est froid fonctionnant ainsi en boucle dite du tapis roulant.

Or la fonte hyper rapide des glaces arctiques, le dégel du pergélisol un phénomène largement sous-estimé[68] – la hausse des précipitations consécutives au réchauffement de la surface terrestre dérèglent ce mécanisme en déversant dans l'océan des masses d'eau douce et chaude modifiant la température, la densité, la salinité, des eaux froides du Groenland occasionnant le dysfonctionnement et le ralentissement du tapis roulant. Les conséquences se font déjà sentir, car le débit du Gulf Stream a diminué. La revue Nature en a publié en 2004 les résultats sur la base d'une étude conduite par Harry BRYDEN, Start CUNNINGHAM et Hannah LONGWORTH du National Oceanography Center de Southampton. Régulièrement dès 1957 – 1981 – 1992 – 1998 – des études de sondages faites près du 25e parallèle ont révélé la température, la pression, la salinité de l'eau, la vitesse des courants de surface et du fond des océans, afin de mesurer l'intensité du Gulf Stream.

Depuis 1957 l'on enregistre une baisse de 30 % du débit, la dérive nord-atlantique est passée de 20 millions de tonnes d'eau/seconde à 14 millions. Si le courant de surface n'évolue peu, par contre les courants les plus profonds, ceux du mécanisme de retour, ou de boucle du tapis roulant ont diminué de 50 %.

---

[68] **Pergélisol, le piège climatique**
https://lejournal.cnrs.fr/articles/pergelisol-le-piege-climatique

CONSÉQUENCES DRAMATIQUES DE L'ARRÊT DU GULF STREAM

Si les relevés des cinquante dernières années rapportaient une circulation et un transport de chaleur relativement constants de part et d'autre du 25ᵉ parallèle, en 2004 les chiffres ont été diamétralement différents indique le professeur BRYDEN. Ce ralentissement, voire l'arrêt, du Gulf Stream est un risque bien connu des climatologues, notamment des consultants du Pentagone qui dans cette hypothèse très probable extrapolent une baisse importante des températures hivernales en Europe et dans l'ensemble de l'hémisphère nord, avec un lot de calamités : Chute de la production agricole – mise à mal de l'approvisionnement électrique aérien – pénurie d'eau douce – de nourriture – d'énergie (gaz, pétrole) – sécheresses – tempêtes – migrations massives d'hommes et d'animaux... L'arrêt de ce courant régulateur du climat mondial pourrait survenir plus vite encore si les milliards de m³ de méthane solidifié (hydrate de méthane) sous le **pergélisol** et sous le plancher océanique passaient ne serait-ce que progressivement de l'état solide à l'état gazeux (CH4). Sachant que le méthane a un effet sur le réchauffement global de la planète au moins quinze fois supérieur à celui du CO2 (le gaz carbonique, dont on parle tant). Or il semblerait bien, depuis l'été 2008, dans l'océan arctique, sur la côte nord de la Russie, dans le pacifique,[69] que ce soit déjà le cas au niveau du plancher océanique.

---

[69] **Des suintements de méthane préoccupants dans le Pacifique**
http://www.futura-sciences.com/magazines/environnement/infos/actu/d/gaz-effet-serre-suintements-methane-preoccupants-pacifique-56410/

GÉOSTRATÉGIE CLIMATOLOGIQUE AMÉRICANO-RUSSE

Dans les années 1980, il y eut probablement un accord tacite entre les deux super puissances pour adoucir le climat de l'Alaska. Chacun y trouvait son avantage en matière d'exploitation plus favorable des immenses réserves pétrolières et gazières, sources essentielles de devises pour l'ex-URSS. D'autant qu'à cette époque les prévisions d'épuisement des ressources pétrolières étaient plus alarmistes et représentaient un risque de frein au développement économique, ce qui inquiétait les deux camps plus encore qu'aujourd'hui. Le climat adouci était un avantage supplémentaire pour le fonctionnement des stations de production d'énergie EM artificielle appartenant aux deux partenaires, ex-protagonistes. Côté Russe, au cours de cette décennie le pays a connu l'un des hivers les plus doux du siècle. Un résultat attendu qui correspondait avec la volonté première des pères de l'Union soviétique, exprimée par LÉNINE désireux de voir la Sibérie bénéficier d'un climat plus doux afin d'y implanter de nouvelles cultures vivrières.

DES PAYS PROTESTENT[70] CONTRE L'UTILISATION DE LA FORCE EM ARTIFICIELLE

En contrepartie, en janvier 1977, pour la première fois la neige couvrit Miami et les Bahamas, au niveau de l'Équateur, ce qui démontre qu'en intervenant arbitrairement et illégalement sur le mécanisme d'un cycle naturel, l'on génère des bouleversements incontrôlables et

---

[70] **HAARP, l'arme ultime!**
http://archives-lepost.huffingtonpost.fr/article/2010/01/25/1905889_haarp-l-arme-ultime.html

potentiellement destructeurs. D'ailleurs en 1973, le Honduras, et le Salvador accusèrent littéralement les États-Unis de leur faire subir une grande sécheresse en détournant artificiellement l'ouragan Fifi dans le but de sauver la manne que rapporte le tourisme de Floride, tout en faisant subir au Honduras les dégâts de cet ouragan. Le Japon a également protesté au sujet du déclenchement de typhon intervenu sur l'île de Guam.

Des confidences de fonctionnaires de l'armée furent recueillies par Lowel PONTE, journaliste au Cooling Journal, lui indiquant que les commanditaires d'avions américains équipés de dispositifs aptes à modifier régionalement le climat avaient d'un côté mis fin à la sécheresse aux Philippines et aux Açores, tout en refusant de l'autre côté d'éviter la sécheresse au Sahel africain. Le journaliste poursuivit en confirmant la volonté soviétique d'adoucir le climat sous leur latitude afin d'augmenter la production agricole. En décembre 1974, l'Associated Press de Washington, sous la plume d'Howard BÉNÉDICT rédigea un rapport au titre évocateur sur la stratégie naissante « *The weather as a secret weapon – le climat une arme secrète*». Dès lors, une guerre secrète, stratégique et totalement invisible commença à bouleverser la planète Terre…

CHAPITRE 14

L'INSTALLATION DU COMPLEXE HAARP,

OBJECTIF OFFICIEL ET GROS CAMOUFLÉ

Il s'étend sur 70 km de diamètre, se trouve dans l'hémisphère nord, en Alaska en territoire américain à Gakona, au nord-est d'Anchorage à proximité du pôle magnétique, où convergent les lignes de champ magnétique permettant les échanges directs entre la magnétosphère et l'ionosphère, cette traction magnétique disponible sur cette latitude est nécessaire à la décharge de très hautes fréquences dirigées vers la haute atmosphère. L'installation jouxte d'immenses réserves gazières et pétrolières de la société ARCO qui est aussi propriétaire des brevets à l'origine de HAARP et par le jeu de société-écran en est le principal financeur, avec l'US Navy, l'US Air Force et le département américain de la Défense.

Logistique : C'est un complexe situé sur un terrain plat et boisé, comprenant en 1994 un réseau initial de 48 antennes, étendu à un ensemble de 180 antennes (hauteur 22 mètres, diamètre 35

mètres) n'en formant techniquement qu'une. Elles sont reliées à des émetteurs, alimentés par six turbines de 3600 CV, pour une consommation de 95 tonnes de gaz naturel/jour. La puissance rayonnée est de 3,6 millions de watts, elle est concentrée en un faisceau permettant d'atteindre la puissance redoutable de 1 milliard de watts. La fréquence utilisée est de 2,75 à 10 MHz (1 MHz = 10^6 hertz). Les émissions d'ondes sont gérées par un ordinateur parmi les plus puissants au monde, positionné au Butrovich building de l'université d'Alaska. Une extension à 360 antennes est prévue pour atteindre la puissance phénoménale de 100 milliards de watts, sûrement effective à ce jour.

OBJECTIF OFFICIEL : FAIRE DE HAARP UNE VITRINE PUBLIQUE

Officiellement, c'est un programme d'étude international des aurores boréales, des changements et modulations de l'ionosphère dont les informations sont obtenues en temps réel, ceci dans le cadre de la protection de l'environnement. Chacun semble s'accorder une bonne conscience en exprimant sur le ton de la bienveillance toute la meilleure attention que l'on doit porter à l'ionosphère. Un moyen naturel de régulation ou bouclier membranaire électromagnétique protégeant les éléments vivants de la Terre des rayons cosmiques, radiations solaires et des millions d'ampères nocifs délivrés par les milliers de coups de foudre quotidiens. De plus, les dirigeants de ce programme affirment avec force conviction que « *Toute modification de l'ionosphère peut avoir un impact délétère sur le mécanisme cellulaire particulièrement fragile des êtres vivants.* »

Cette dernière phrase de Llyal WATSON, biologiste et auteur de l'Histoire naturelle du surnaturel, a été unanimement plébiscitée par cet auditoire naïvement conditionné, ou complice à part entière de ces organisateurs du faux semblant. Les promoteurs et soutiens du programme expliquent que le complexe est situé près du cercle polaire pour ne provoquer aucun dommage à la population. Qu'il n'a aucune configuration militaire, contrairement par exemple à la base militaire 51 du Nevada. Et pour s'en convaincre, le site ne dispose d'aucun système de sécurité habituel, pas de clôture, ni de personnel de surveillance armé, ni de chiens. L'on peut traverser tout le périmètre, tout semble transparent et voué à de la pure science physique qui s'efforce de démontrer une nouvelle technologie d'avenir et d'intérêt général. Une vitrine représentative d'au moins trois autres sites de même type répartis géo stratégiquement au Groenland, en Norvège, au centre de l'Australie, et plusieurs autres du côté russe - voir l'installation type HAARP côté Russe.[71] Même la presse se fait prendre au jeu de la belle vitrine technologique !

11 SEPTEMBRE 2001 - L'IMPACT DE L'EFFONDREMENT DES TWIN TOWERS SUR L'OPINION PUBLIQUE

Les événements de l'effondrement des tours jumelles du 11 septembre 2001 ont participé à faire accepter à l'opinion publique le plan évolutif de ce programme, lequel fut conçu bien avant 2001 par le pouvoir politico-militaire des États-Unis soumis aux directives de la gouvernance occulte. Il consistera désormais à 1) scanner à de grandes profondeurs cette Terre avec des ondes ELF afin d'établir une nouvelle radiographie - cartographie de tout ce qui s'y trouve. Aucune installation secrète souterraine conventionnelle ou terroriste contenant des armes chimiques ou nucléaires ne peut s'y soustraire. 2) Établir un relais de communication air/mer avec les sous-marins en plongée dans les océans afin de leur indiquer la position de tout ennemi potentiel, de l'avion furtif au missile de longue portée. Donc il s'agit de mettre en place un bouclier géant total ayant la capacité

---

[71] **L'installation HAARP russe**
http://www.jp-petit.org/nouv_f/Crop%20Circles/haarp_russe/haarp_russe.htm

de traiter toutes les informations de tous mouvements terrestre et aérien. Un dispositif capable d'interrompre toutes communications radio et satellites ennemies dans une zone donnée. Un moyen de rendre le système américain de communication quasiment inviolable ; tout ceci est la version officielle du gouvernement américain.

Un gros camouflé. High frequency Active Auroral Research Program (HAARP) est un projet déclaré de trente millions de dollars annuels pour des recherches sur l'ionosphère, largement médiatisées par des campagnes de relations publiques afin de rassurer l'opinion publique américaine. Officiellement, il s'agit d'utiliser un gigantesque émetteur radio pour étudier l'ionosphère, une couche composée de particules ionisées de haute énergie, située dès à partir du cœur de la zone de résonnance de SCHUMANN, soit de 60 à 600 km au-delà de la surface terrestre. Sachant que cette zone, comme la couche d'ozone, est vitale pour la vie sur la planète Terre. Qu'il faut la préserver car elle assure la protection contre la pénétration excessive dans l'atmosphère d'ondes de basse fréquence (ELF) et de radiations solaires.

Pour le folklore scientifique, l'on décrit comment se forment les aurores boréales lors d'un orage solaire couplé à un orage magnétique, produisant un afflux de particules chargées qui entrent en collision avec le bouclier de la magnétosphère. Ce sont les électrons des hautes couches atmosphériques accélérés par le champ magnétique terrestre qui entrent dans l'atmosphère des régions polaires entre 65° et 75° de latitude et percutent à haute vitesse les atomes de l'atmosphère, les excitent en leur arrachant au passage un ou plusieurs électrons. À l'issue de cette phase d'excitation, à l'état d'équilibre, les mêmes atomes émettent des rayonnements lumineux verts, plus rarement rouges ou orangés.

S'agissant de particules électrisées à haute énergie, elles sont captées et canalisées par les lignes du champ magnétique terrestre du côté nuit de la magnétosphère (queue de l'aurore) pour aboutir dans les cornets polaires. Ces électrons et protons excitent ou ionisent de cette façon les atomes de la haute atmosphère ou ionosphère. Les électrons des atomes ainsi modifiés changent de position libérant un peu d'énergie en émettant un photon (particule élémentaire de la lumière visible). Selon l'altitude entre 80 et 1000 km, la couverture nuageuse, et la nature des ions (oxygène, azote, hydrogène), la forme et la couleur du spectacle diffèrent, nuages, rideaux, arcs, rayons... verts, oranges, rouges, mauves. Par ailleurs, les nuages ionisés réfléchissent les ondes radio, ce qui est utile pour les communications humaines dit-on ! En juillet 2008, la NASA a localisé la source de ces phénomènes d'explosions d'énergie magnétique à un tiers de distance Terre – Lune. L'énergie des aurores boréales est canalisée par de gigantesques cordes magnétiques reliant la Terre au Soleil.

Une inspiration trompeuse. Depuis les années 1920, la connaissance de la capacité énergétique électromagnétique de l'ionosphère, organisée en système dynamique, est avant tout le fruit des travaux ingénieux et avant-gardistes de Nikola TESLA, prix Nobel de physique, auteur d'environ 300 brevets. Vous lui devez, entre autres fabuleuses découvertes du domaine électrique et électromagnétique, le principe clé du courant électrique alternatif. Ses travaux furent financés par la société Westinghouse et le banquier J.P MORGAN, mais rapidement censurés. Finalement, il mourut dans la tristesse oublié de tous.

Moins d'un siècle plus tard, en 1984, Bernard EASTLUND du Columbia Physics (APTI) réclame avec insistance les brevets de TESLA pour compléter certaines applications de son brevet « *Method and Apparatus for Altering a Region in the Earth's Athmosphère or Magnetosphere* ». Il ne fait qu'une adaptation des travaux de TESLA pour pouvoir déposer commodément douze brevets entre 1987 et 1994. En 1985, il est contacté par Apti-ARCO pour trouver une application aux réserves de gaz d'Alaska dont la capacité aurait permis d'alimenter en électricité pendant une année les États-Unis.

Ce prétexte d'application civile correspond en réalité à la consommation de gaz naturel indispensable aux énormes besoins en énergie des turbines qui alimentent en électricité les antennes du programme HAARP. Bien qu'il fût à la base du projet HAARP, pour des raisons obscures EASTLUND se retrouvera exclu du projet appartenant désormais officiellement au consortium pétrolier Apti-ARCO, mais officieusement sous contrôle de l'armée américaine. Après les dépôts de brevets d'EASTLUND, un tri est opéré et toutes les applications électromagnétiques très prometteuses applicables notamment en médecine et en science environnementale furent immédiatement gelées. (Se remémorer le sort qui fut réservé à la technique PRIORE, chapitre 10).

Sites de type HAARP dans le monde. Parmi les sites qu'il a été possible de repérer, il y a LOÏS l'un des plus grands systèmes HAARP au monde, implanté dans l'hémisphère nord, au sud de la Suède. Il comprend un réseau de dizaines d'antennes reliées entre elles, couplé au système LOFAR en Europe centrale et à ICECAT dans le nord. Un quatrième dispositif existe très probablement dans l'hémisphère sud, au sud de l'océan indien, sur l'île anglo-américaine de Diego Garcia. Un cinquième est également situé dans l'hémisphère sud, en Australie à Pine-Gap. Toute la couverture du globe est ainsi assurée.[72]

---

[72] **Global Ionospheric Heater Inventory**
https://www.youtube.com/watch?feature=player_embedded&v=ZrjLl4iyXcg#!
Canada 7.7M earthquake UPDATE
https://www.youtube.com/watch?feature=player_embedded&v=kK6__rSlzQs

PROCÉDÉ OPÉRATOIRE

1) Une vitrine présentée à tous comme un moyen de physique conventionnelle

En 1900, Nikola TESLA avait compris que l'ionosphère contenait un gigantesque potentiel énergétique, considérant que l'ensemble 1) Ionosphère 2) Zone d'ondes stationnaires, ou cavité dite résonance de SCHUMANN 3) Atmosphère terrestre de nature diélectrique (très peu conductrice d'électricité sur une quinzaine de km) 4) Terre (conductrice d'électricité) formait un gigantesque condensateur électrostatique (potentiel électrique en phase de repos, ou de non activé) qu'il nommait « *mon amplificateur préféré* ».

L'objectif du procédé HAARP consiste à pouvoir capter cette énergie ionique au repos, la diriger vers l'ionosphère pour l'amplifier considérablement et la réémettre, via la Lune, ou via des satellites artificiels, vers la Terre, la mer, ou vers l'espace. C'est le mouvement du boomerang d'émission / réémission électromagnétique (EM) de la Terre ⇨ Ionosphère ⇨ Satellite artificiel ou la Lune ⇨ Terre ⇨ Espace. Voir le schéma du chapitre 11.

Le procédé rejoint celui des ondes radio, il consiste à émettre ce type d'ondes depuis la Terre vers une couche de l'ionosphère (90 à 600 km au-dessus de la surface terrestre) à partir d'un faisceau très puissant d'ondes, généralement dans la plage de hautes fréquences (HF). Il est produit par les 180 antennes (dipôles) reliées, qui n'en forment qu'une. Chacune d'elles est disposée en forme de croix afin de polariser (concentrer) le signal d'émission pour qu'il se propage en spirale (voir plus haut – logistique). Ces ondes émises en spirale depuis la terre, en Alaska, sont alternativement :

A) – Potentialisées en charge positive (+) au contact de la zone d'une couche ionosphérique préalablement choisie, dont la nature ionique sert d'amplificateur / modificateur aux ondes émises depuis la Terre. Dès lors, la couche ionosphérique entre en résonnance comme le fait un simple circuit self /condensateur. Les atomes ionisés de la haute atmosphère sont ainsi modifiés par oscillation et s'enroulent sur leur nouvelle fréquence de résonance. Voici ce que déclara Rich GARCIA des laboratoires Philips de l'US Air Force : « *En orientant de hautes fréquences radio dans l'ionosphère, on simule le rôle du soleil, les ondes frappent les particules subatomiques, en augmentent la température à plus de 1600 °C* ». Le plasma des couches ionosphériques les plus proches de la Terre (90 à 120 km) en est brutalement modifié.

HAARP détériore et dérègle le milieu ionosphérique avec 1600 °C, tandis que le soleil lui n'opère que progressivement sur les couches ionosphériques les plus hautes (600 à 800 km), les plus proches des vents solaires (ou plasma)[73] à une température comprise entre 1000 et 1200°C maximum. Elles sont composées d'ions et d'électrons libres issus de la haute atmosphère solaire. Mais contrairement à HAARP, le soleil et les couches D et E de l'ionosphère les plus proches de la Terre ne sont pas l'objet entre

---

[73] **Le vent solaire**
http://mp01.free.fr/soleil/windsol.htm

eux de recombinaison rapide d'électrons et d'ions positifs (potentiel ionique par dissociation). Le processus naturel de recombinaison qui s'opère à ce niveau permet tout au contraire la rencontre de particules séparées. Il est rendu possible par la très faible densité de particules subatomiques à cette altitude et du fait que le rayonnement solaire (flux de plasma) s'interrompt naturellement la nuit. Un cycle alterné jour-nuit qui régule naturellement l'utilisation de cette haute énergie afin de sécuriser la vie sur Terre.

B) – Modifiées par contact avec le potentiel ionique (variable selon la couche) contenu dans la zone de la couche ionosphérique que l'on a calculé d'atteindre. La modification génère une nouvelle plage de fréquences, de portée mégamétrique (10^6 mètres), qui a été informatiquement préalablement programmée, généralement ce sont des ondes de basses fréquences, à haute énergie (ELF- ULF).

C) – Réfléchies de l'ionosphère, à partir d'une couche ionosphérique préalablement choisie, ayant elle-même été modifiée et transformée en plasma quark-gluon (plasma modifié par le faisceau très puissant émis depuis la Terre - A). Ce plasma modifié servira de miroir ionique orienté soit vers la lune, soit vers des satellites artificiels géostationnaires positionnés aux latitudes polaires et équatoriales des électro-jets (courants électriques coulant le long des formations aurorales).

Ce dispositif opératoire plasma – satellites sert de double réflecteur pour atteindre l'objectif final en redirigeant très précisément les ondes de basse fréquence sur une zone ciblée de l'atmosphère, des océans, de la Terre, tout en modifiant la densité diélectrique naturelle de l'atmosphère terrestre (non conductrice d'électricité).

2) En réalité, il s'agit d'une stratégie opératoire utilisant les principes de la physique quantique

La vitrine et l'opération « porte ouverte » du complexe de Gakona ne sont qu'un subtil scénario de déguisement technologique habilement organisé. Pour mettre en œuvre un tel procédé d'émission, de réémission électromagnétique à la puissance phénoménale du gigawatt (du milliard de watts) il faut pouvoir dépasser trois cent mille kilomètres par seconde, vitesse de la lumière. Si cette vitesse est dépassée l'application de l'onde radio sort du **continuum** espace-temps[74] (théorie spatio-temporelle avérée – voir au chapitre 1 le sous-titre – de fausses théories ne sont pas révélées afin de refouler toute innovation utile). Ce mode opératoire utilise donc les principes de la physique quantique.

Sachant que la puissance d'émission d'une onde EM déplacée à la vitesse de la lumière diminue en proportion inverse du carré de la distance parcourue (exemple l'émission d'un signal à la puissance initiale de 16 watts parcourant une distance de 2 mètres sera relevée au final à 4 watts), cette émission ne semble pas réalisable sur la base des connaissances appliquées en physique classique. Il faut pouvoir échapper à la contrainte des lois de la physique de gravitation. Donc il a fallu pour cela passer à l'accélération des particules de photons, associés à l'onde électromagnétique, ou onde radio. Ce qui revient à faire entrer en rotation les photons en champs de tachyons, de quantum, selon le ruban de Möbius[75] en diminuant leur masse relativiste, une diminution variable selon leur longueur d'onde. Mais dans l'esprit de la physique conventionnelle, parler de masse pour le photon semble inadéquat lorsque l'on sait que l'électron est 10 milliards de milliards de fois plus massive que lui. Toutefois,

[74] **Espace-temps**
http://fr.wikipedia.org/wiki/Espace-temps
[75] **Ruban de Möbius**
http://fr.wikipedia.org/wiki/Ruban_de_M%C3%B6bius

cela est réalisable puisqu'il est démontré que les bosons (photons) à la taille subatomique dépassent la vitesse de la lumière (principe d'ultra relativité, travaux de Seike SHINICHI).

Placer une petite pile électrique dans une lampe stylo et l'allumer pour obtenir de la lumière un laps de temps. Introduire la même pile dans un appareil photo muni d'un flash permettra d'obtenir cette fois une lumière aveuglante mais pendant un court instant. Ceci illustre la différence de potentiel existant entre le type d'ondes émises depuis la terre et le potentiel final de ces ondes une fois transformées en un intense plasma, après avoir irradié l'ionosphère.

Pour pouvoir dépasser la vitesse de la lumière, les ondes de haute fréquence sont donc préalablement soumises à une tension d'accélération dépassant 800 millions de volts par cm³ (1). Cette modification du substrat subatomique génère un champ d'un nouveau type de particules qui n'appartient pas au spectre des ondes électromagnétiques, mais au champ de tachyons ou mer de neutrinos. Leur comportement oscillatoire leur confère, dès leur émission terrestre, une énergie démultipliée, à ce stade ce sont des ondes scalaires. C'est exactement ce que TESLA a démontré il y a plus de 100 ans quand il a projeté une vague scalaire par le sol sans perte de force des champs.

Au cours de la trajectoire ascensionnelle du faisceau d'ondes HAARP, dès les 30 premiers kilomètres de l'atmosphère du Nord magnétique jusqu'au niveau visé de l'ionosphère (160 km par exemple) s'ajoute l'apport énergétique phénoménal de tous les électrons et protons arrachés aux molécules de l'air, azote, oxygène, hydrogène... (2) traversées au cours de cette trajectoire. L'ensemble (1 et 2) forme alors un plasma extrêmement dense hautement énergisé. Par ailleurs, l'on pourrait expliquer la phase d'accélération gravitationnelle de l'univers par une activité entrecroisée (ou vagues scalaires) de tachyons dans l'espace. Explication plus approfondie au chapitre 15.

UNE CAPACITÉ ANNONCÉE DE BOUCLIER TOTAL

Dans la présentation conventionnelle, l'on indique que les ondes radio modifiées naturellement par l'ionosphère sont réfléchies directement vers la Terre, les mers, les océans. Or si le dispositif HAARP était conventionnel, les ondes réfléchies n'atteindraient le sol que de façon limitative à des distances bien définies de l'émetteur (Gakona en Alaska par exemple), car la distance à atteindre dépend de l'angle de réflexion et de l'altitude. Dans cette condition minorée, un signal radio ou onde de basse fréquence ELF ne pourrait donc atteindre qu'une zone délimitée, sans pouvoir toucher la zone dite de silence (nord de la Russie par exemple). La capacité annoncée de bouclier total ne serait donc pas applicable. En de très nombreux points du globe il existe un grand nombre d'émetteurs civils et militaires d'ondes radio produisant une multitude de hautes et basses fréquences pouvant interférer avec les ondes radio réfléchies, y inclus celles de basse fréquence, produisant le phénomène connu de fading (évanouissement). Il est donc nécessaire d'utiliser un autre moyen pour le réfléchissement et la réémission des ondes HAARP.

APPLICATION À LA PHYSIQUE DU PLASMA IONOSPHÉRIQUE

Si autrefois l'on parlait classiquement d'eau, d'air et de feu, aujourd'hui il s'agit de solides, de liquides et de gaz. Ce qui était familier dans le domaine de la recherche il y a un siècle ne l'est plus aujourd'hui. Il est approprié de concevoir les données cosmiques avec une vue anticipative qui dépasse les concepts familiers et traditionnels.

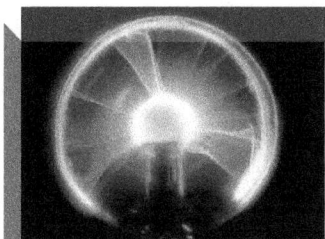

Image de plasma utilisé dans les écrans de TV

99 % de la matière connue de l'univers est en l'état de plasma, les étoiles, les nébuleuses gazeuses, l'ionosphère, les aurores boréales... C'est dire que nous avons l'avantage de pouvoir vivre dans le 1 % restant... Ce n'est pas la chaleur latente qui crée le plasma de l'ionosphère, mais la force électrique. Elle s'exerce par le bombardement de particules solaires. Elles agissent même à très basse température. De moins 50°c à moins 72°c, pour les couches D et E de l'ionosphère, sises de 60 à 120 km d'altitude par rapport à la Terre. La lumière des écrans Tv plasma* est créée à partir de phosphore excité par une impulsion électrique de plasma entre deux plaques de verre.

La transformation d'un gaz en gaz ionisé ou plasma n'est pas soumise aux paramètres physiques de l'atmosphère terrestre nécessitant une température constante, une pression requise, ou une chaleur latente (par exemple le passage de l'eau en vapeur d'eau est un changement d'état rendu possible dans le rapport du niveau de chaleur requis sur une quantité de matière ou de masse à une pression constante, dite enthalpie de vaporisation de l'eau).

COMMENT GÉNÉRER DES CHAMPS MAGNÉTIQUES DANS L'ESPACE, SANS GRAVITATION NI MASSE ?

Pour se former, le plasma nécessite une transformation progressive à un certain niveau de température lorsque les électrons contenus dans les couches extérieures d'un gaz sont arrachés lors de collision entre particules. Un plasma peut se constituer sans condition de haute température, puisqu'il s'agit d'un courant ionique (électrique) et non d'un gaz, c'est le cas de l'ionosphère en zone froide, à moins 70°c jusqu'à 120 km d'altitude, une zone pourtant soumise à l'énergie ionisante intense et permanente issue du soleil. Le plasma est communément perçu comme un gaz incluant des particules chargées négativement et positivement. Or il s'agit de particules en mouvement, non pas dans tube de néon statique d'un laboratoire, mais dans l'espace, c'est d'un courant électrique qu'il s'agit et non pas d'un gaz.

Lorsque l'on pense électricité, l'on associe les particules à la masse, à la gravitation. Si au stade terrestre les particules se déplaçant dans la même direction sont plus fortement chargées et d'un mouvement plus rapide pour finalement augmenter le champ magnétique ; par contre au niveau de l'espace, les astronomes en découvrant des champs magnétiques ont été quelque peu déconcertés sur la façon de les expliquer, et surtout de comprendre comment générer du magnétisme sans aucune gravitation, ni masse.

DANS L'ESPACE, LES DONNÉES TRADITIONNELLES DE LA PHYSIQUE N'ONT PLUS COURS

L'on associe le déplacement de particules solaires à un vent, alors qu'il s'agit d'un courant électrique. L'on associe les particules chargées, aboutissant à une planète, à une pluie, alors qu'il s'agit de décharge électrique. L'on associe commodément les particules chargées, se déplaçant le long des champs magnétiques, à des jets, au lieu de parler d'un champ aligné sur un axe électrique. L'on associe les changements brusques de densité et de vitesse des particules chargées à un choc frontal alors que cela se rapporte à une double couche ayant capacité d'absorption d'énergie électrique jusqu'à la phase d'explosion.

Les données communément admises sur terre ne sont plus familières au plan interstellaire, car les particules chargées ne se déplacent qu'au travers d'un champ magnétique qui s'intensifie en son axe et qu'en parallèle de son axe, par son attraction (pinch ou chiper). Les particules chargées et isolées, comme les atomes neutres qui les heurtent, entrent également dans cet axe d'attraction. Ainsi, les zones isolées se dé potentialisent alors que l'axe se densifie, jusqu'à ce que l'intensité interne du plasma vienne à équilibrer l'intensité magnétique de la zone qui lui est externe. Cette phase d'équilibrage produit de longs et minces filaments d'énergie brusquement séparés du milieu raréfié dans lequel ils évoluent.

Le chercheur K. BIRKELAND a fait une rude expédition en Arctique pour mesurer les champs magnétiques des axes resserrés qui composent les courants auroraux (dits courants BIRKELAND) il en déduisit qu'il s'agissait de la liaison directe de filaments issus des proéminences de la couronne solaire, lesquels transportent directement la force électrique du Soleil à la Terre. Les astronomes sont restés attachés aux normes familières en termes de masse, de particules. Ce sont les satellites artificiels qui les ont départagés, après avoir traversé et mesuré électriquement ces filaments de courants auroraux.

En laboratoire, l'expérience dite de la main droite démontre cette différentiation, si l'index de la main droite est dirigé dans la direction de la force, le pouce et le majeur subissent une courbure à 90° de force opposée, en direction du champ magnétique.

Par contre dans l'espace de la magnétosphère, entre deux courants parallèles, les deux champs magnétiques auront des directions opposées, car les pôles magnétiques (N/S) s'attirent, les deux courants se déplaceront l'un vers l'autre, en devenant plus proches l'un de l'autre, car la supposée répulsion électrique deviendra plus forte que l'attraction magnétique, de ce fait les deux courants commenceront à se lier en vrille l'un autour de l'autre. Voir coups de foudre des dieux.[76]

En théorie du **plasma**,[77] l'on reconnaît ces filaments vrillés dans la pénombre des tâches solaires et dans les flammes coronales, les sondes spatiales les ont détectés dans la queue de plasma de Vénus qui est similaire aux queues ionisées des **comètes**.[78] Les filaments rougeoyants sont observables dans les soi-disant nébuleuses planétaires et dans les « *reliquats de supernova* », dont la dénomination est impropre. Les **jets**[79] des étoiles Herbig-Haro et des galaxies actives sont également familières.[80]

L'UTILITÉ DE SE FAMILIARISER AVEC LA COMPRÉHENSION DES FORCES ÉLECTRIQUES SIDÉRALES

Même si l'intégration de ces forces électriques reste encore absente des théories en astronomie contemporaine, la compréhension de forces électriques interstellaires gagne à devenir familière, ceci est notre optique. Une fois que ces forces seront admises, cela permettra de mieux les percevoir dans l'ensemble sidéral. Tout en **saisissant plus facilement la haute technicité mise en œuvre par le cartel mondialiste pour vous dominer**, sans vous laisser la moindre chance d'approcher leur méthodologie.

---

[76] **Solar Tornadoes**
http://www.thunderbolts.info/tpod/2004/arch/041015solar-tornado.htm
[77] **Physique des plasmas**
http://fr.wikipedia.org/wiki/Physique_des_plasmas
[78] **Electric Arcs in Planetary Science**
www.thunderbolts.info/tpod/2005/arch05/050307arccomet.htm
[79] Un jet est un flux dirigé vers un point donné dit collimaté, de matière éjectée par un objet céleste, généralement des étoiles jeunes.
[80] **Objet Herbig-Haro**
http://fr.wikipedia.org/wiki/Objet_Herbig-Haro

Contrairement à l'atmosphère (air), le plasma ionosphérique est conducteur d'électricité, cette conductivité n'est pas comparable à celle des métaux ou de l'eau de mer, elle est très influencée par le champ magnétique terrestre des régions polaires vers lesquelles se portent de larges courants électriques. Ce plasma est particulier, car il contient une grande proportion de molécules neutres offrant une large réserve à forte activité ionique (activité incessante des électrons et des ions positifs). La quasi-totalité de l'univers est constituée de plasma électriquement actif. Il faut noter que cette force électrique est de trente-neuf ordres de grandeur plus grande que celle de la pesanteur consécutive à la gravité (10^{39} fois plus forte).

Il n'existe aucun îlot cosmique d'isolement dans l'espace. Toute matière spatiale, de la particule subatomique jusqu'aux groupements galactiques est reliée par les diverses manifestations de la force électrique, laquelle organise donc la structure cosmique des cieux infinis. L'étude du plasma n'exige aucune équation mathématique vertigineuse, ni aucun concept erroné[81] comme le Big Bang, la matière et l'énergie sombre, ni les trous noirs. Voilà ce que nous enseignons à tous ceux qui nous font confiance.

---

[81] Voir le chapitre 14 La remise en cause de la relativité générale et du Big Bang.

QUI OSE PUISER ILLÉGITIMEMENT ET IMPUNÉMENT DANS L'ÉNERGIE DE L'UNIVERS ?

ÉMISSION DES ONDES VERS L'IONOSPHÈRE

Le but d'émission d'ondes radio HAARP, en champ tachyon, est d'exploiter cette force électrique sidérale en sur amplifiant la densité électronique d'une zone de l'ionosphère, en la couplant avec :

A) La puissance ionique (arrachage des électrons de l'oxygène, de l'azote produits naturellement par le champ EM natif d'origine solaire, au-dessus de 80 km d'altitude) du réseau naturel de l'électro jet à haute densité de plasma. Voir le schéma simplifié de l'émission d'ondes au chapitre 11.

B) A partir de la ligne verticale du champ électromagnétique du pôle Nord magnétique terrestre, lors de l'émission d'ondes HAARP, le but est d'optimiser la force géo dynamique, l'effet géo dynamo, du champ EM du noyau tellurique afin d'en tirer une énergie colossale (électrodynamique quantique couplée, exprimée en térawatts 10^{12}).

Sachant 1) que le champ tellurique possède une énergie considérable et inépuisable, qui est auto entretenue par les champs magnétiques solaires et galactiques. 2) Que ces champs font fluctuer le courant électrique produit par les tourbillons spatiaux de nature nucléaire. 3) Que cela produit un déplacement d'électrons vers le noyau tellurique, qui à son tour génère un champ magnétique interne se substituant au champ initial du noyau. C'est la dynamique coordonnée de ces trois facteurs (1, 2, 3) qui assure le cycle d'auto entretien.

Ce type de champ magnétique intense et auto entretenu est **à l'origine de la magnétosphère**. **Celle-ci nous protège de ces mêmes courants électriques** solaires et galactiques permanents, **extrêmement puissants**, à l'origine de la géo dynamo terrestre.

RÉÉMISSION DES ONDES VERS LA TERRE, LES OCÉANS, L'ESPACE

C'est probablement la couche de l'ionosphère entre 90 et 150 km d'altitude, dénommée de KENNELLY HEAVISIDE qui est utilisée par HAARP pour la réflexion des ondes d'extrême basse fréquence – **ELF**.[82] La couche plus haute d'APPLETON, subdivisée en deux couches de 150 à 300 km est utilisée pour les ondes de fréquence plus élevée, mais elle oppose le défaut de fortes variations diurnes et saisonnières.

La marge qui sépare les ondes électromagnétiques des champs de tachyons semble réduite par certains types de modulation des ondes stationnaires (résonnance de SCHUMANN). Ceci est le principe d'analyse qui il y a plus d'un siècle fut à la base des recherches de Nikola TESLA. Sur ce même principe, l'on a reproduit le canon de TESLA, dont les ondes EM forment un faisceau laser en captant l'énergie supplémentaire issue du champ de tachyons. Ce qu'avait réalisé pacifiquement TESLA en 1889 en dirigeant son faisceau sur un support métallique éloigné de lui de plusieurs centaines de mètres pour allumer (sans fil) plus de lampes que n'aurait pu le faire la seule énergie entrante dans le faisceau.

---

[82] **Extrêmement basse fréquence**
http://fr.wikipedia.org/wiki/Extr%C3%AAmement_basse_fr%C3%A9quence

CHAPITRE 15

APPLICATIONS EXISTANTES DES TACHYONS

L'EXEMPLE DU SATELLITE

En renversant instantanément par culbute l'axe de révolution d'un système giratoire, l'énergie du champ de tachyons est extractible, d'où une accélération qui induit des effets antigravitationnels et/ou l'obtention d'un courant électrique (disque de Faraday, ou aimant en rotation, ainsi que le pivot de LAITHWAITE, un gyroscope mécanique en rotation à la périphérie d'un gyroscope central). Cette technologie innovante est également utilisée pour les microcircuits d'ordinateur opérant à grande vitesse de synthèse. Le gyroscope est un instrument qui défie la loi de la gravité, toutefois malgré sa capacité d'inertie, sur Terre les gyroscopes traditionnels en mouvement finissent par s'arrêter en raison de la friction et de la résistance de l'air. Par contre, cela ne se produit pas dans un environnement idéal comme l'espace, où chacun des satellites en orbite tourne très rapidement sur son axe, d'où son inertie gyroscopique lui permettant de maintenir une orientation, une direction fixe, dans l'espace.

La loi de la gravitation universelle. L'effet de la gravitation est toujours attractif. Son effet est extrêmement faible (c'est la plus faible des quatre interactions fondamentales) entre les objets ayant une échelle humaine. Par exemple, la force d'attraction gravitationnelle entre deux personnes de 80 kg situées à une distance d'un mètre est $F = 4.10^{-7}$ N - soit la même force que le poids d'un objet de 0,00004 g à la surface de la Terre ! La

127

gravitation s'applique à toute forme d'énergie, la masse étant une forme particulière d'énergie, selon la relation bien connue $E=mc^2$. Ainsi, même une particule de masse nulle comme le photon subit la gravitation, c'est le résultat du principe d'équivalence.

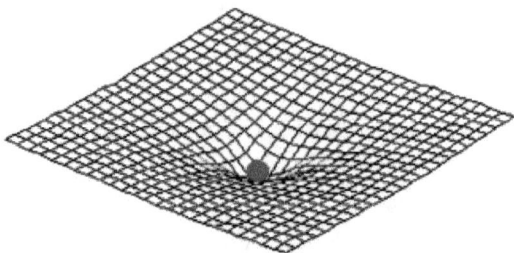

Contrairement au sens commun, la lumière est donc aussi déviée par les objets massifs, ce qui fut vérifié pour la première fois lors de l'éclipse de soleil de 1919. Paradoxalement, dans le cadre de la relativité générale, la gravitation n'est pas une force ou une interaction ! Dans cette description, qui est purement géométrique, toute forme d'énergie courbe l'espace-temps. Ensuite, les corps se déplacent dans cet espace-temps sans subir de force en suivant des géodésiques, l'équivalent de la ligne droite dans un espace non courbe. Le mouvement de ces corps semble donc courbe alors qu'en fait c'est l'espace-temps qui l'est !

Il n'y a donc aucune interaction entre les corps eux-mêmes (par exemple entre la Terre et la Lune), il n'y a qu'une action des corps sur la structure de l'espace-temps (cette Terre et la Lune déforment l'espace-temps)... Il est assez facile de se représenter la courbure de l'espace-temps comme la déformation d'un textile à carreaux tendu sur lequel on a posé une bille lourde. Si l'on fait passer une bille plus légère à proximité de la première, elle sera déviée à cause du creux dans le drap, bien qu'il n'y ait aucune interaction entre les deux billes. Sauf que le drap n'a que deux dimensions, alors que l'espace-temps en a quatre !

La relativité générale n'étant pas une théorie quantique, elle ne suppose pas l'existence d'une particule vectrice de la gravitation. Mais, comme les physiciens sont persuadés que la gravitation est une interaction fondamentale, qu'elle aura un jour sa théorie quantique, ils l'ont déjà baptisé graviton comme étant la particule censée être responsable de la gravitation. Ils imaginent des expériences qui permettraient de la découvrir !

REMISE EN CAUSE DE LA RELATIVITÉ GÉNÉRALE, CONTRADICTION SUR L'EXISTENCE DE LA MATIÈRE NOIRE

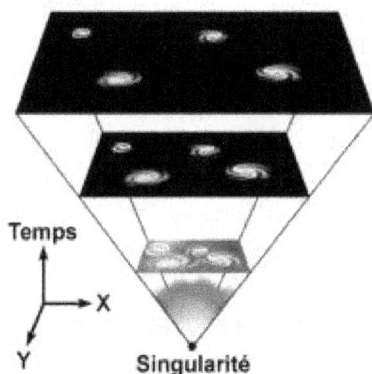

En 1933, l'astronome suisse Fritz ZWICKY constate que les galaxies ne tournent pas comme elles le devraient sur la base de la théorie de la relativité générale. Mais comme il n'était pas envisageable de remettre en question la théorie d'EINSTEIN, l'on a eu recours à l'imagination pour affirmer l'existence d'une matière invisible et inconnue dénommée « *matière noire* ». Il a été admis qu'elle est répartie de façon irrégulière et qu'elle représente 83 % de la composition de l'univers. Un bon moyen de conserver les affirmations sur la relativité générale, tout en expliquant les observations de ZWICKY. En 2011, les conclusions de l'astronome américain Stacy GAUGH, faisant suite à ses travaux d'observation sur 47 galaxies, entrent en contradiction avec l'existence de la matière noire, à moins que celle-ci ne soit répartie de façon parfaitement homogène.

BING BANG OU EXPANSION DE L'UNIVERS SONT AUSSI REMIS EN CAUSE

Il y a plus de soixante-dix ans que l'on avance l'hypothèse de l'effet Doppler-Fizeau en se basant sur la dérive vers la couleur rouge du spectre de la lumière provenant des galaxies lointaines, pour formuler un modèle relativiste d'univers en expansion. Depuis 1980, la théorie de l'explosion primordiale, ou Bing Bang s'y superpose. Autant de dogmes qui ont figé des générations de chercheurs. Marcel MACAIRE, docteur ès sciences est parvenu à résoudre les équations posées par Einstein, mettant en évidence l'auto confinement de l'énergie (confirmation de l'identité distincte de la matière et de l'énergie).

Il expliqua la distribution ordonnée de tous les corps célestes et montra que l'effet Doppler-Fizeau ne s'applique pas au photon (particule qui compose toutes les ondes EM) et par conséquent que le dogme de l'expansion de l'univers est erroné. Il démontra ainsi que l'organisation spatiale supérieure de l'univers s'oppose à tout effet du hasard, puisque chaque corps céleste est positionné dans une situation d'équilibre dynamique parfaitement stable par rapport à tous les autres, ceci en dépit de leur nombre incalculable. D'ailleurs, si depuis l'origine des temps, au fil des milliards d'années, le cosmos avait été contraint par des limites spatiales, il aurait probablement déjà implosé.

DES THÈSES QUI NE SONT TOUJOURS PAS ACCEPTÉES

En 1991, les travaux de MACAIRE ont été corroborés par ceux du professeur Évry SCHATZMAN, membre de l'académie des sciences, confirmant que les spectres d'émission provenant des galaxies lointaines ne diffèrent des spectres d'origine que par leur position sur l'échelle des longueurs d'onde. Ils sont translatés (déplacement dont tous les points décrivent des trajectoires égales et parallèles entre elles) proportionnellement à la distance de la source. En fait, ils ne sont jamais ni élargis, ni dilatés proportionnellement à la longueur d'onde. Ces thèses n'ont toujours pas été acceptées par le monde scientifique, toutefois la cosmologie est tenue de revoir sa théorie générale.

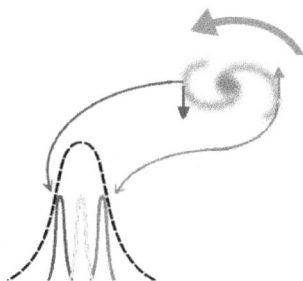

L'effet Doppler est le décalage de fréquence d'une onde acoustique ou électromagnétique entre la mesure à l'émission (flèche rouge) et la mesure à la réception (flèche bleue) lorsque la distance entre l'émetteur et le récepteur varie au cours du temps, ce qui est symbolisé par la forme en S de couleur gris.

APPLICATIONS DES TACHYONS SUITE…

La conversion calorifère d'énergie tachyon affecte la vie des membranes cellulaires (conductrices) humaines et animales (eucaryotes), travaux du biophysicien W. REICH et de F. POPP, documentation du Dr NIEPER. La physique quantique permet de comprendre comment les oscillations moléculaires modifient la gravité des particules, ainsi que la densité des corps. Tout (objets, corps humain, éléments gazeux, ondes radioélectriques…) est lié à la vitesse orbitale des électrons autour d'un noyau.

Si un génie pouvait modifier la vitesse des électrons qui gravitent autour des noyaux d'atomes d'une lampe d'Aladin, celle-ci pourrait alors changer de forme, traverser le mur d'un palais, devenir invisible, même remonter ou descendre le temps. Vu du côté de la physique conventionnelle, cela relève de l'imaginaire, de la fiction. Toutefois, quelques scientifiques avant-gardistes intègrent l'influence de la gravité et/ou la puissance du champ électromagnétique sur l'écoulement du temps ; un champ intense qui fait courber la lumière ou l'absorbe, à l'identique des trous noirs de la galaxie.

CHAPITRE 16

L'ESPACE-TEMPS

En jetant des cailloux, que l'on nommerait impulsion, dans un lac que l'on appellerait matrice des quanta de l'espace-temps, ces deux cailloux génèrent à la surface de l'eau des cercles qui augmentent de diamètre, ils ont donc une capacité d'expansion. Chacun des cercles est une nano vague, ou onde en expansion circulaire. Dès que deux nano vagues identiques se rencontrent, elles se superposent à mi-distance de leur source respective, correspondante à l'impact de chaque caillou entrant dans l'eau, puis elles s'additionnent pour former, à cet endroit, une vague deux fois plus haute. En jetant des centaines de cailloux dans le lac, se formera alors un grand nombre de surfaces homotopes et connexes de vagues additives et stationnaires au sein d'une surface fermée, voici le principe quantique imagé des ondes stationnaires.

Les plus petits, quata (pluriel de quatum) d'espace-temps sont le support et le milieu de propagation des quantas espace-temps les plus grands (dont l'impulsion fondamentale est plus longue). Pour chaque ensemble d'impulsions fondamentales de longueur et de fréquence donnée, il existe une distance de séparation et une seule entre deux (ou n) points d'émergence de leurs quanta d'espace-temps spécifiques, au niveau desquels leurs amplitudes s'équilibrent. Chaque impulsion génère une surface (l'espace) en expansion (le temps) hyper sphérique (espace + temps). Les surfaces respectives en état d'expansion de deux quantas d'espace-temps se rencontrent à mi-distance de ces points. Elles s'additionnent en ce lieu médian en une onde stationnaire d'amplitude double de celle de leurs amplitudes respectives et composent ainsi un potentiel scalaire.

Vagues additives et stationnaires Ax dans une surface fermée

En transposant l'exemple des cailloux à un espace à quatre dimensions, dont la quatrième est l'espace-temps placé au même titre qu'une dimension géométrique (hauteur, largeur, longueur) les surfaces dans lesquelles s'additionnent les nano vagues formeront autant de bulles d'espace-temps agglutinées entre elles.

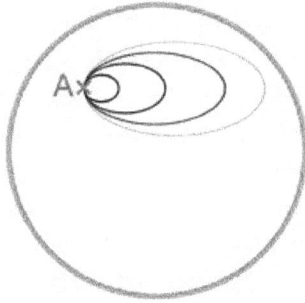

En poursuivant l'exemple, l'univers serait alors comparable à une mousse de bulles espace-temps, dont chaque bulle serait est elle-même composée de bulles d'espace-temps de plus en plus petites, dont le diamètre serait fonction de la fréquence et de la dimension (longueur ou durée) de la poussée fondamentale qui les génère. L'univers physique étant l'ensemble des bulles de bulles d'espace-temps dont la poussée d'énergie fondamentale se chiffre a h ≈ 6,626 0 755×10^{-34} J.s, cette quantité d'énergie vaut pour la constante de PLANCK « h », (reliant l'énergie d'un photon à sa fréquence E = hν) dont il ne faut pas confondre longueur d'impulsion et fréquence (nombre d'impulsions par seconde).

Tout ce qui constitue l'univers dit physique est exclusivement généré par des impulsions strictement égales à la longueur de

PLANCK, lesquelles peuvent emprunter une large gamme de fréquences d'impulsion incluant la fréquence limite d'une double longueur d'onde de la longueur de PLANCK.

QUI OSE MODIFIER ILLÉGITIMEMENT L'ORDRE DE L'UNIVERS…

Dans ce contexte imagé des cailloux et des bulles, l'on saisit mieux pourquoi l'émission puissante d'une fréquence (signal) radioélectrique codée (spécifique) génère au final une onde EM, plus précisément un champ scalaire, de nature à **agir à sa guise, à distance, sur l'environnement** (partie de l'univers). Ceci pour en modifier, bouleverser, le climat et agir mal intentionnellement au plan physique et psychique sur les éléments qui le composent et les créatures qui le peuplent.

Reprenant ce que déclara Rich GARCIA des laboratoires Philips de l'US Air Force : « *En orientant de hautes fréquences radio dans l'ionosphère, on simule le rôle du soleil, les ondes frappent les particules subatomiques, en augmentent la température à plus de 1600 °C* ». C'est ainsi qu'en phase d'émission d'ondes HF, depuis une station HAARP de type Gekona, en Alaska, le rayonnement EM - HF vers l'ionosphère surchauffe le plasma, afin de potentialiser par convection les électrons et ions positifs d'une couche ionosphérique donnée. Tout en préparant cette même couche comme réflecteur (miroir ionique) d'ondes EM de haute et/ou de basse fréquence vers un objectif terrestre, océanique ou spatial prédéfini.

CHAPITRE 17

MOYEN DE RÉFLÉCHISSEMENT DES ONDES HAARP RÉÉMISES DEPUIS L'IONOSPHÈRE

Nous pensons qu'il serait difficile, voire impossible, d'utiliser, en phase de réémission vers la Terre les ondes EM du dispositif HAARP directement à partir de l'ionosphère. Pour y parvenir, il est nécessaire d'établir un programme de calcul informatisé qui intègre les données de trigonométrie, en établissant pour chaque objectif une triangulation par relevé des directions et des distances afin de pouvoir réfléchir les ondes scalaires préalablement potentialisées au niveau de l'ionosphère, afin d'atteindre une cible précise.

Le premier moyen est l'utilisation de la lune depuis 1998. (Voir au chapitre 11 – au sous-titre les esprits brillants ont la capacité d'influer sur le climat – le schéma de réfléchissement. Le deuxième moyen de réfléchissement des ondes ionosphériques est l'utilisation de satellites artificiels géostationnaires positionnés à la latitude des électro-jets (voir le chapitre 14 – au sous-titre procédé opératoire, point C). Ils sont coordonnés pour assurer une rémission concentrée de fréquences sur des cibles prédéterminées.

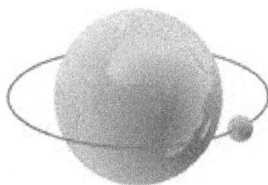

Le satellite géostationnaire est en vis-à-vis avec tout point visé
sur la Terre

Les satellites sont situés à l'altitude requise, offrant une
excentricité nulle. Le point visé sur la Terre est en vis-à-vis avec
le satellite dont la période de rotation est très exactement égale à
celle de la planète bleue. Ainsi, tout corps en orbite
géostationnaire paraît immobile par rapport à tout point sur la
Terre. Ce type orbital est également utilisé pour l'observation de
la Terre depuis une position fixe dans l'espace, des satellites
météorologiques sont situés à la verticale, au Zénith, au-dessus
de vos têtes, tandis que le Nadir est le point à la verticale situé
sous vos pieds.

Mais le satellite ne restera pas stable indéfiniment, sous
l'influence de plusieurs effets, dont les irrégularités
gravitationnelles et le potentiel géodynamique de la Terre, la
pression de radiation solaire, l'attraction lunaire... Ces dérives se
font dans le sens est-ouest (11° O - 162° E), mais aussi nord/sud
(variation de l'inclinaison). Le maintien en position
géostationnaire nécessite donc des corrections dans les deux
directions E/O et N/S. Il s'agit là d'une invention humaine
artificielle, ce n'est le cas d'aucun corps céleste (astéroïde) qui ne
peut pas se positionner ainsi. Il existe toutefois une exception,
c'est la Lune-Charon sur la planète Pluton, qui n'est pas peuplée
d'humains ou d'animaux.

Lune et satellites artificiels sont les deux positions intermédiaires
à partir desquelles un dispositif de type HAARP peut opérer sur
et sous la Terre, au niveau des océans ou de l'espace, sous un
angle précis de réfléchissement. Sans l'utilisation de satellites, il
serait impératif de disposer d'un écran de réfléchissement
maritime mobile et permanent équivalent à une flotte d'une
surface de cinq porte-avions, ou huit pétroliers géants couplés les
uns aux autres. Ce dernier dispositif soumis aux aléas de la météo
coûterait des milliards de dollars et pourrait être facilement
repérable.

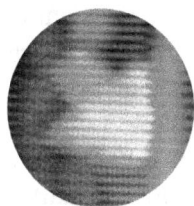

Sur la lune, des relais lunaires d'énergie scalaire existent, mais ils sont dissimulés de toute prise de vue photographique. Quarante ans après la conquête de l'astre de la nuit, la cartographie est restée la même, en noir et blanc, à 300 mètres par pixel. Les prises de vue des missions clémentine en 1994 et smart 1 en 2005 ne font que 140 mètres par pixel, alors que les prises de vue sur le globe terrestre sont faites en couleur, à un mètre par pixel. Nul doute, les agences spatiales dissimulent ce réseau de réémetteurs scalaires lunaires et probablement d'autres dispositifs. Le seul moyen de repérer une activité d'origine humaine sur l'astre de la nuit reste le repérage du signal basse fréquence émis par les ondes EM artificielles. Depuis les années 1950, les radioamateurs nomment ce réfléchissement EME (Earth Moon Earth ou Moonbounce) pour communiquer à travers le monde. La Lune n'étant pas une planète tellurique, elle ne possède pas de champ magnétique. Ce qui n'empêche ni la lumière, ni les ondes EM de pouvoir s'y propager, lesquelles, contrairement aux ondes sonores, n'ont pas besoin de support EM pour se propager.

Ce satellite de la Terre devient donc pour le dispositif de type HAARP un satellite relais passif, n'opposant aucune contrainte de physique spatiale. Depuis les années 1970, Russes et Américains ont la capacité, pour chaque mission de **coloniser**,[83] transporter et installer jusqu'à cent tonnes de matériel sur la Lune.

Le groupe ELFRAD est un organisme apolitique à but non lucratif, spécialisé dans la recherche des ondes naturelles et artificielles de basse et ultra basse fréquence. Fin 1998 et début 1999, il a détecté, par des magnétomètres situés sur l'hémisphère

---

[83] **La colonisation de la Lune**
http://translate.google.fr/translate?hl=fr&langpair=en|fr&u=http://en.wikipedia.org/wiki/Colonization_of_the_Moon

nord (zone des électro-jets,[84] ou courant électrique provenant de l'ionosphère), une fréquence quotidienne de 9 à 95 Hertz pulsations par seconde, dont la longueur d'onde était d'environ 319 877 km, soit l'équivalent de la distance Terre – Lune. Le signal de type ULF (ultra basse fréquence) provenait d'une source inconnue, il se produisait tous les jours ouvrés, sauf le week-end, d'une puissance suffisante pour générer sa troisième harmonique de 2,81235[85] Hertz. Ce signal ULF avait la caractéristique particulière de persistance, de montée rapide et de désintégration lente, de quoi s'agirait-il, sinon d'un dispositif de type HAARP.

---

[84] **Les Courants électriques dans l'espace - historique**
http://www.phy6.org/Education/Fwhcurren.html
[85] Sachant que la longueur d'onde d'une vibration est inversement proportionnelle à sa fréquence, par exemple aux États-Unis la fréquence du courant alternatif est de 60 Hz, pour une longueur d'onde de 4 997 000 mètres ou 3104 miles. Autrement dit plus la fréquence relevée est faible plus la portée est longue.

CHAPITRE 18

LES AÉROSOLS CHIMIQUES À ENSEMENCER LES NUAGES DANS LE CADRE HAARP ET D'AUTRES APPLICATIONS FUNESTES

Un avion de ligne passe à 10 000 mètres d'altitude, par temps clair l'on peut suivre sa trace par la traînée de condensation, simple molécules d'eau, consécutive à l'hygrométrie - 70 % - à très basse température. Elles sont visibles pendant trois à quatre minutes puis disparaissent dispersées par le vent, ce sont des contrails. À noter que le trafic aérien amplifie fortement l'effet de serre, pollue[86] la couche d'ozone et les êtres vivants. L'orsqu'un avion militaire ou civil de ligne disperse un lot de divers produits chimiques ensemencés dans les nuages à diverses altitudes, généralement au-dessus de 10.000 mètres, en fonction du but à

---

[86] https://leblancjerome56.wordpress.com/3-nuisances-majeures-des-avions-actuels/

atteindre, il s'agit non pas de vidanger dans l'urgence le kérosène de ses réservoirs, mais de répandre sciemment des produits chimiques, ou nano poisons extrêmement nocifs. Ce sont les chemtrails, à ne pas confondre avec les contrails précités.

COMMENT RECONNAÎTRE UN CIEL TAPISSÉ DE CHEMTRAILS[87]

Les conditions de l'observation sont a) pas de nuage[88] naturel de haute altitude (7000 à 10 000 mètres) de type cirro-cumulus b) pas de smog, mais le ciel revêt tout de même une lumière voilée, en film grisâtre, s'épaississant progressivement, laissant un soleil diffus avec un effet halo. Une correspondance d'apparence avec l'arc en ciel au crépuscule, une diffraction de la lumière solaire. Dès lors apparaissent les couleurs irisées des chemtrails à cause de la poudre d'aluminium, puissant neurotoxique, du sel de baryum, puissant poison à retardement et des polymères, ce sont les principaux composants de cette pestilence. Même s'il faut être fin observateur pour noter ces nuances, chacun pourra reconnaître que depuis une vingtaine d'années, lors de la belle saison, la vision régulière d'un vrai beau ciel bleu n'est plus qu'un lointain souvenir, et ce n'est pas le seul fait des fumées noires de la pollution.

Applications cachées des chemtrails à partir d'ondes EM réémises

---

[87] **Chemtrail vu du ciel**
https://www.youtube.com/watch?v=rnXETdvtvIs
CHEMTRAIL preuve 18 FLAGRANT DELIT ECRASANT !
https://www.youtube.com/watch?v=dgpEOFEj2xc
Chemtrails - Présentateur météo dénonce les épandages aériens !
https://www.youtube.com/watch?v=NF8AuFraO50
[88] **Nuage**
http://fr.wikipedia.org/wiki/Nuage

1- Dans le cadre d'opérations spécifiques de type HAARP,[89] sous couvert de géo ingénierie climatique, l'on utilise des particules d'aluminium comme réflecteur afin d'amplifier les ondes EM réémises depuis la Lune, un satellite artificiel, en direction d'une zone déterminée de la Terre ou des océans...

2a- Pour modifier plus rapidement, par élévation de la température, le climat d'une zone plus délimitée, l'on utilise cette fois en dispersion le sel de baryum et des particules de polymère à l'action très hydrophile. L'humidité est localement maintenue favorisant l'intensification des ondes EM réémises sur la zone visée. Pour augmenter artificiellement la pluviosité, conjointement et complémentairement à l'action spécifique des ondes EM sur les masses d'air, les nuages sont ensemencés cette fois d'iodure d'argent et de neige carbonique (dioxyde de carbone gelé), un procédé bien connu, utilisé depuis les années 1950.

2-b : ce qui permet également de travailler sur les ondes cérébrales d'une population donnée (voir le chapitre 7).

3 - Dans la même optique, l'on peut supposer que les agro groupes utilisent aussi ce type de procédé par ensemencement des nuages pour nuire aux cultures traditionnelles (développement des parasites et maladie des céréales comme la rouille noire des blés) afin d'imposer le mode **OGM**.[90]

---

[89] **CFR/CIA Connection to Covert Climate Modification and Aerosol Geoengineering**
http://chemtrailsplanet.net/2012/08/22/evergreen-air-involved-in-covert-climate-modification-and-aerosol-geoengineering/
[90] **Découverte d'un gène viral mortel dissimulé dans des céréales OGM commercialisées**
http://www.wikistrike.com/article-decouverte-d-un-gene-viral-mortel-dissimule-dans-des-cereales-ogm-commercialisees-115212965.html

4 - Mise en œuvre du programme militaire de climat-stratégie RED SKY - RAIN DANCE & COVER LEAF visant au contrôle de la météo d'ici 2025.

5 - Dans le cadre d'autres opérations d'éradication de population qui sont motivées par l'établissement d'un nouvel ordre mondial : L'on ensemence les nuages avec des immunodépresseurs, des cytotoxiques (type tétracyclines - streptomycine…) inhibant la synthèse d'ADN ou les lymphocytes T auxiliaires, en utilisant des modificateurs du système nerveux central (dibrométhane - C2H4Br2 interdit depuis 1984). Selon l'objectif à atteindre, les nuages sont porteurs de facteurs de pneumonie infectieuse, de méningite, d'endocardite bactérienne (Entérobactéries de type E. Coli, salmonelles, Serratia marcescens…), divers virus grippaux… Notamment dans le ciel les pays pauvres, Afrique, Asie.

EXPÉRIMENTATION D'ALIEN JUSQUE DANS LA PEAU DES POPULATIONS DES CINQ CONTINENTS

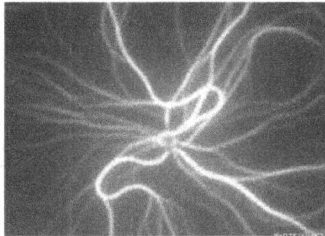

Depuis l'apparition des chemtrails dans les années 1990, de nombreux chercheurs ont pu informer une partie du public des conséquences observables sous forme de maladies de peau inconnues jusque-là. Ce qui a permis de recueillir de nombreux échantillons provenant des 5 continents. Une étude récente, conduite par les docteurs Michael WRIGHT, Rahim KARJOO et Hildegarde STANINGER (toxicologie industrielle), démontre clairement le lien entre chemtrails et l'infection diabolique des

Morgellons. C'est une maladie de la peau, avec des lésions qui ne cicatrisent pas normalement, ne s'infectent jamais et ne guérissent que très lentement. Au plan neurologique, les effets sont des difficultés de coordinations motrices, des modifications de la personnalité, la dépression, une confusion sorte de brouillard mental. Les malades ressentent l'impression d'avoir des insectes sous la peau, puis des fibres sortent de la peau provoquant des lésions qui sont inguérissables.

Le procédé consiste à épandre du ciel de longues fibres, ressemblant si on les enroulait à de la barbe à papa. Un véritable ALIEN programmé pour se transformer au contact de la peau en nano machines qui tisse un réseau de fibres dans l'organisme. Elles ont la forme de micro tubes, composés de fils disposés en rangées, de capteurs contenant de la matière composite synthétique et animale (métaux, polystyrène, bactéries...) avec de l'ADN/ARN génétiquement manipulé. Ces nano machines pénètrent sous la peau et utilisent le pH alcalin, l'énergie, les minéraux et d'autres ressources cellulaires pour finalement introduire des affections qui ne sont pas reconnues par le système immunitaire (entre autres, la maladie des Morgellons, 120 000 cas recensés en Amérique du Nord, l'on peut en supposer le double).

Dans le cadre d'un des volets du plan HAARP, le rôle premier de ces nano machines consistait à s'introduire dans l'organisme pour servir d'antennes de relais capables de recevoir des signaux et informations de type micro-ondes EMF et ELF, afin de soumettre la volonté du receveur par la réception de fréquences agissant sur son réseau nerveux. Ces fibres tombées du ciel ont été retrouvées aux USA (Texas), au Canada, en Australie, et récemment en Amérique latine, en Europe.[91]

ON NOUS TRAITE COMME DES INSECTES ![92]

Ω - « *Si vous n'arrêtez pas cet empoisonnement collectif à partir d'avions banalisés, et si vous n'arrêtez pas l'importation d'OGM, alors moi, Nicolas ALEKSIC, appellerait le peuple de Serbie à descendre dans les rues, et je serai en première ligne ! Pas pour écraser le système, mais pour défendre la constitution* ».

Il précise, « *dès que notre gouvernement a signé le prétendu partenariat pour la paix le 4 décembre 2006, le ciel de Serbie s'est retrouvé sous un réseau de traînées empoisonnées, pulvérisées quotidiennement par des avions criminels, comme si nous étions des insectes. Au-dessus de nous, in vivo, l'on procède à des expériences comme cela fut le cas dans les camps de concentration durant la Seconde Guerre mondiale. À quand une réaction similaire de la part des autres organisations écologistes* » ? Paroles du représentant du mouvement écologiste de Serbie NOVI-SAD.[93]

[91] **La maladie qui fait regarder le ciel et les chemtrails**
https://www.youtube.com/watch?v=dWy2zGLwyZo
[92] **Chemtrails french explications**
https://www.youtube.com/watch?v=Xt5qCYrsA-s
[93] **Ex agent du FBI témoigne sur les chemtrails**
https://www.youtube.com/watch?v=zRobfJX1Wrs

CHAPITRE 19

LES APPLICATIONS HAARP UTILISÉES EN PHASE DE RÉFLÉCHISSEMENT

Le dispositif peut transmettre et réfléchir de la Lune des ondes de basse fréquence et d'extrême basse fréquence (ELF), ainsi que la probable production simultanée de haute et ultra haute fréquence (HF-UHF) dans un but destructif et mortel par irradiation calorifique (non ionisante). S'agissant de destruction sans contamination, l'on peut faire croire à l'opinion publique qu'il s'agit d'opération de guerre conventionnelle et/ou de Forces spéciales d'intervention, dans le cadre de mission antiterroriste... (Étude de Guy CRAMER géophysicien, spécialiste en électromagnétisme et pluridisciplinaire - 2001).

MODIFICATION CLIMATIQUE

Pour augmenter la portée géographique et/ou intensifier des réémissions ionosphériques de fréquences radio depuis la Lune ou depuis l'ionosphère, des avions militaires, type KC 135, larguent sur des nuages des microfibres d'aluminium (puissant neurotoxique) et/ou des produits chimiques. La vapeur d'eau contenue dans le nuage se modifie, il devient alors à la fois un relais supplémentaire au réfléchissement EM nécessaire (nuage réflecteur), tout en créant de fortes précipitations à visée de modification climatique.

Application civile. Découvrir des gisements de pétrole et de minerais. Il s'agit à nouveau d'un prétexte dit d'intérêt général, qui n'est plus un, puisque l'on a pratiquement épuisé ce type de ressources naturelles. C'est aussi un faux argument, car des moyens classiques existent pour ce type de découverte. Par exemple dès 1983, Brooks AGNEW physicien en tomographie terrestre put trouver 26 puits de pétrole répartis sur neuf états américains, avec une précision de 100 % en faisant une mesure de tomodensitométrie (principe d'harmonique de résonance des ondes hertziennes sur la matière) n'utilisant qu'à peine 30 watts pour ce sondage au travers la roche souterraine.

APPLICATION MILITAIRE, ICI LES OBJECTIFS UNIVERSALISTES SE PRÉCISENT

(Voir aussi le chapitre 11)

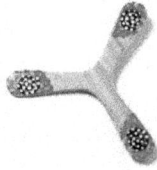

Comme un boomerang

> Destruction-désintégration en plein vol, ou mise en déroute de missile tiré à partir de n'importe quelle zone terrestre, en utilisant, interceptant, l'effet boomerang d'ondes EM réfléchies d'une zone de la couche ionosphérique, via un satellite. Une capacité de suprématie dite guerre des étoiles dont s'est vantée Ronald REAGAN auprès des Russes, juste avant la signature de la fin de la guerre froide (Perestroïka). Pour influencer l'ennemi potentiel, l'US Air Force organisa une démonstration, un missile non armé fut tiré d'un silo de la taïga russe à destination de Washington, il fut détruit avant même qu'il n'ait pu quitter le sol russe.

> Utilisation de bombe EM, type **e.bombe**[94] d'une puissance destructrice dont l'équivalence correspond à la plus puissante des bombes thermonucléaires, mais sans produire d'effet de souffle ni de rayonnement ionisant. À moindre échelle de puissance, ce procédé de destruction a été utilisé en 1991 au cours de la guerre du Golfe au cours de l'opération Desert Storm. Ce qui correspond à l'un des douze brevets américains du programme HAARP intitulé US Patent 4 873 928 : Nuclear sized explosions without radiation. C'est pourquoi **ce volet du dispositif HAARP rend obsolète l'utilisation de l'arme nucléaire.**

> Pénétration des ondes EM très profondément dans le sol terrestre afin d'éliminer les positions et installations souterraines ennemies qui y seraient enfouies, ou selon le niveau de basse fréquence utilisé détruire seulement leurs moyens de communication.

> Interférence et brouillage de toutes les communications adverses, comme le ferait une tempête électromagnétique localisée, jusqu'à la destruction des composants électroniques et/ou la coupure du courant alternatif.

> Dans un objectif de portée tactique, un système mobile du type HAARP peut être transporté par camion ou sur un avion-cargo, afin d'intervenir à un endroit particulier si localisé qu'il sort du champ opérationnel du procédé global opérant soit en phase de réfléchissement ionosphérique par le moyen indirect de satellites ou de la lune.

---

[94] **Les Armes à Impulsion Electromagnétique**
http://www.jp-petit.org/nouv_f/EMP_bombs/EMP_bombs.htm

CHAPITRE 20

INTERFÉRENCE SUR LE SYSTÈME IMMUNITAIRE ET SUR LE CERVEAU PAR STIMULATION PSYCHOTRONIQUE

L'objectif général est de porter atteinte aux ensembles cellulaires et tissulaires du corps humain par l'utilisation d'un rayonnement générant assez rapidement l'effondrement du système immunitaire (immunodépression). Les dégâts sur l'immunité sont plus efficaces encore si ce moyen est couplé aux campagnes massives de vaccination (voir note livre Hérésie médicale & Éradication de masse). Les diverses vaccinations sont l'étape préalable à une foudroyante épidémie virale facilement dispersable au-dessus des populations au moyen de chemtrails (chapitre 18). La pulvérisation est faite à partir de bactéries et de virus élaborés par recombinaison génétique dans les laboratoires de microbiologie de l'armée placés sous la tutelle de la gouvernance mondiale occulte, dans le cadre de la réduction de la population, un des commandements de la charte du nouvel Ordre mondial (new world Order).

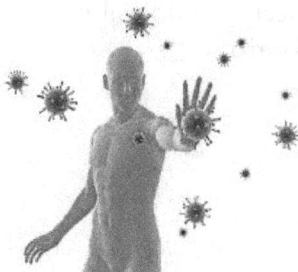

L'objectif complémentaire est basé sur la psychotronique, selon l'expression russe c'est la mise sous influence du cerveau. Ce dispositif consiste à délivrer un rayonnement ELF modifiant, interférant, par le principe d'harmonique sur les ondes de basse fréquence du cerveau, ainsi que sur le fonctionnement neurophysiologique général de l'homme (voir le chapitre 7). Un moyen d'agir sur le comportement de populations entières, les plaçant sous influence, en amoindrissant leur volonté, au travers de leur physiologie.[95]

LE MOYEN SOURNOIS DE L'ENERGYBOX, UNE APPELLATION TROMPEUSE

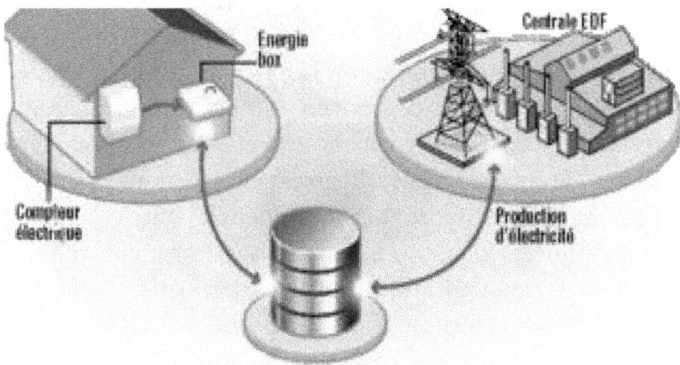

L'ENERGYBOX est un système double qui contient un Eshelon Meter (mètre étalon) un système PLC de l'entreprise *Televent*. Ce système permet d'accéder au réseau Internet par le moyen du réseau électrique dont il modifie la fréquence afin de transmettre de l'information.

---

[95] *Low-Intensity Conflict and Modern Technology*, Lt. Col. David J. DEAN - US Air Force 1986.

L'ENERGYBOX contient un émetteur GPRS dont la fréquence est un mixte de GSM et 3G UMTS, à large bande dont l'émission s'assimile à celle du radar, en activité 24h/24.

En Suède (le sud de ce pays abrite un dispositif d'émetteurs fixes nommé LOÏS, similaires à ceux de type HAARP en Alaska) sous prétexte d'une loi suédoise assurant de la consommation de courant la plus précise possible pour tous, depuis janvier 2009, les compagnies d'électricité mandatées par le gouvernement suédois installent chez le particulier l'ENERGYBOX – LINKY en France.

L'on dit aux abonnés qu'il s'agit d'un simple module de calcul du débit électrique, garantissant le paiement le plus juste de la consommation réellement utilisée. L'argument consiste à ce que le consommateur puisse réduire sa facture d'électricité. À cet effet, on lui dit qu'il est simplement nécessaire de l'utiliser une fois par semaine.

L'on oublie de préciser aux usagers qu'en équipant un seul foyer sur dix, cette installation sera opérationnelle sur les neuf autres car ils sont tous reliés en réseau à un même transformateur électrique de quartier, donc à tous les habitants de ce même quartier. Ce procédé est étendu aux autres pays de l'Union européenne, il vaudra mieux refuser catégoriquement cette box.

Il s'avère que ce boîtier non seulement irradie les particuliers, mais par le canal de l'installation électrique domestique génère en permanence dans l'habitation de celui qui la possède et en partie pour le voisin qui l'a refusée un champ électromagnétique de type radar à haute fréquence pulsée. Un rayonnement particulièrement néfaste, actif dans toute la maison, parmi les premières conséquences possibles :

> ➢ De nombreux troubles physiques et psychiques, troubles du comportement, altération de la conscience dans le domaine de la pensée, pertes de sommeil.

> Une augmentation considérable du rayonnement basse fréquence issu du réseau électrique.[96]

> De fréquentes courtes coupures de courant électrique.

> Ampoules qui explosent, lampes qui vacillent, téléphone mobile endommagé, ordinateurs hors fonction, circulation des e-mails et accès à internet aléatoires…

> Cette méthode permet de transformer le réseau électrique ménager en une véritable station de surveillance d'écoute (communications téléphoniques, courriers électroniques, fax)

Les scientifiques, DELGADO et Dr BECKER ont démontré que des ondes de type HAARP couplées au courant alternatif génèrent des fréquences qui peuvent manipuler de façon très tangible le cerveau humain à partir d'un site extérieur jusqu'au logement individuel de tout un chacun. A fortiori si l'on possède un dispositif de type ENERGYBOX (LINKY en France) à son domicile. Cette technologie multiforme directement liée au programme de type HAARP, motivée par les objectifs inhérents au nouvel Ordre mondial, permet d'interagir sur le cerveau afin de le conditionner, ou si besoin était d'introduire la mort, par l'ébranlement du système nerveux central.

LE MYSTÈRE DES OISEAUX ET DES POISSONS MORTS

Depuis décembre 2010, des millions de morts suspectes de poissons d'oiseaux ont été répertoriés à travers le globe…

Une averse de 5000 oiseaux « *morts de peur* » à cause d'un feu d'artifice à

---

[96] **ERDF Compteur intelligent Linky ATTENTION DANGER!**
https://www.youtube.com/watch?v=hMAvKgMf19E

Bebee en Arkansas qui a mal tourné pour les volatiles ! Des millions de poissons morts envahissent les eaux, notamment des bans de sardines, « *morts de froid* », l'on avance ici l'hypothermie, pour des poissons gras habitués aux eaux froides ! Les théories les plus insensées commencent à se répandre, comme l'avènement de la fin du monde prévue pour 2012, selon le calendrier maya ! Voilà autant d'informations déconstruites et farfelues dignes d'un mauvais gag ! Mais que se cache-t-il derrière cette hécatombe ?

Ce phénomène s'est produit pour les oiseaux principalement en Amérique du Nord et du Sud (Arkansas - Louisiane – Kentucky - Texas – Chili – Au Canada 10.000 volatiles sont retrouvés inanimés au Manitoba...). En Europe, Allemagne, dans la ville de Düren des oiseaux de proie ont été retrouvés terrassés dans la nuit de la Saint-Sylvestre. Angleterre – Italie, des centaines de tourterelles des bois ont jonché le sol – En Suède, une pluie d'oiseaux morts – Au Japon, dans une moindre mesure, sur la ville de Tottori.

Pour les poissons, environ deux millions de corps sans vie dans la baie de Chesapeake, le plus grand estuaire des États-Unis, sur la côte Est, côté océan Atlantique. En Arkansas, environ 100.000 poissons-tambour sont retrouvés flottants sur l'Arkansas River, à 160 km du site l'on a trouvé des cadavres de merles. Indiana, des poissons échouent sur la plage de Washington Park, Maryland. Quantité de poissons-ventre en l'air ont été observés à Annapolis, ainsi qu'au Michigan, en Floride. Brésil, mort mystérieuse de poissons sur les zones côtières. Australie, des poissons morts obstruent le lac à l'aéroport. Nouvelle-Zélande, des centaines de poissons morts se répandent sur les plages de vivaneau. En Angleterre, 40.000 crabes vus en état de décomposition sur les plages. Italie, quantité de poissons, de palourdes et de crabes inanimés sur une portion de côte de 3 km.

Contrairement au ridicule des premières causes annoncées, en Arkansas des tests ont démontré que la mort de milliers de merles de Beebe a pour origine une thrombose cérébrale foudroyante survenue en plein vol, sur leur zone de rassemblement annuel. En Suède, un scientifique a déterminé la cause de la mort des choucas à une force externe, brutale, aiguë, qui a déclenché une hémorragie interne. En somme, une véritable liquéfaction quasi instantanée du cerveau. Selon le journal suédois Aftonbladet, ces faits correspondent à un test d'arme électromagnétique de type HAARP. Certains journalistes suédois y sont d'autant plus sensibles qu'un des plus grands sites de production d'ondes EM, dénommé Loïs est implanté dans le sud de leur pays (voir au chapitre 14, le sous-titre – Sites de type HAARP dans le monde) ; et parce qu'ils ont été parmi les premiers Européens à être confrontés à la diffusion trompeuse et malveillante de l'ENERGYBOX.

Quelle solution si une fréquence d'onde de mort visait le cerveau humain de populations entières ?

CHAPITRE 21

LE PLAN SCIENTIFIQUE SUR LE CERVEAU HUMAIN MIS EN ŒUVRE PAR LES INSTANCES DE LA VÉRITABLE GOUVERNANCE MONDIALE

Depuis une trentaine d'années, Soviétiques et Américaines ont constitué de méga bases de données se rapportant à toutes les particularités physiques et psychologiques du corps et de l'esprit humain. Notamment le fonctionnement biologique et électro-biochimique du cerveau, incluant les interactions électromécaniques, électromagnétiques sur le cerveau. Ils ont aussi identifié répertorié et rassemblé en une immense base de données tous les détails relatifs à toutes les langues, dialectes culturels, à toutes traditions et habitudes cultuelles de la planète. Dans quel but ? Influencer l'esprit de la grande multitude (voir le chapitre 22). Par quel moyen ? De nombreuses études intensives ont réussi à coupler ces diverses données à la technique de l'hypnose appliquée à l'électromagnétisme, en combinaison aux ondes EM de très basse fréquence, transmises simultanément via la Lune, des satellites artificiels, l'ENERGYBOX.

DROGUE HYPNOTIQUE ÉLECTRO-MAGNÉTIQUEMENT CODÉE, LE LIBRE ARBITRE N'A PLUS COURS

En 1974, le chercheur G.F. SHAPITS a précisé qu'en hypnose le langage phrasé peut aussi se transmettre par l'électromagnétisme directement dans certaines zones du cerveau sans que l'individu exposé à cette influence ne puisse si opposer en contrôlant consciemment la pénétration de l'information ainsi électromagnétiquement codée. Il s'agit là de drogue, non chimique, mais de type hypnotique. C'est une manipulation de l'esprit ressentie sous la forme d'une astucieuse combinaison sensorielle alternée d'agréables moments propices à recevoir les bienfaits d'une récompense, suivis de périodes d'insupportable impression de subir le désagrément, la punition. L'objectif est de réaliser efficacement un rapide lavage de cerveau pour obtenir les changements importants voulus sur la personnalité et le comportement d'un individu, fut-il le plus fort psychiquement (avis du psychologue MC. CONNEL). À ce niveau d'intervention dirigée à distance, le choix offert par le libre arbitre n'a plus cours.

Robert BAKER, prix Nobel de la paix 1959, décrit dans son livre « *Le corps électrique* » une série d'expériences démontrant la possibilité d'entendre et de comprendre des messages transmis à partir d'une cabine d'isolation. Un procédé par audiogramme dont les pulsions micro-ondes sont analogues à la vibration produite par une parole reçue dans la zone correspondante du cerveau. Il en déduisit à l'évidence que ce processus vise à pousser à la folie un individu en utilisant une voix inconnue, ou pour lui inculquer des ordres indétectables afin qu'il devienne, dans le contexte de son livre, un mercenaire programmé. De son côté, James C. LYNN décrit dans son livre « *L'effet et l'application des micro-ondes auditives* » comment des voix audibles peuvent être directement diffusées dans le cerveau.

LA CIA EXPERTE AUSSI EN DROGUE ÉLECTRO-MAGNÉTIQUEMENT CODÉE

Durant l'été 1975, des audiences du Congrès et de la commission Rockefeller révèlent officiellement au public que la CIA et le département de la Défense avaient conduit des expériences, en partie sadiques, sur des sujets humains, avec ou sans leur consentement. Ceci dans le cadre d'un programme visant à influencer des humains par l'utilisation de substances et d'autres moyens. Le 21 septembre 1977, lors d'un témoignage devant le comité de la santé et de la recherche, chacun de ces effets a été reconnu officiellement applicable par les dispositifs de la CIA. À cette audience, le Dr Sidney GOTTLIEB directeur du programme MK-Ultra fut contraint d'admettre l'objectif des recherches de la CIA cherchant à affecter l'organisme humain en utilisant des moyens électroniques. Le MK-Ultra est le nom de code de l'un des premiers programmes de la CIA des années 1950 à 1970. Il associait l'usage de psychotropes et de radiations EM. Il fut initié par son premier directeur Allen DULLES – impliqué dans le financement d'HITLER, en tant qu'avocat du tandem Prescott BUSH – HARRIMAN – notre livre « *crise économique majeure – origine – aboutissement* »

En 1972, Richard HELMS, le seul directeur de la CIA à avoir été condamné pour mensonge par le Congrès des États-Unis sur les activités secrètes de cette institution, ordonna aussitôt la destruction des archives du programme. Il est donc difficile d'avoir une compréhension complète du projet MK-Ultra, car plus de 150 sous-projets différents ont été financés dans le cadre de ce programme. Le projet fût officiellement définitivement stoppé en 1988, ce qui ne garantit rien sur sa non continuité.

Voici les applications classiques, toujours à disposition du gouvernement occulte :

➢ Substances (S.) provoquant un raisonnement illogique et une impulsivité au point que le sujet se discréditera en public.

➢ S. Augmentant les capacités mentales et les capacités de perception.

➢ S. Produisant les signes et symptômes de maladies connues de façon réversible, pouvant être ainsi utilisées pour simuler des maladies, etc.

➢ S. Rendant la persuasion de l'hypnose plus facile ou qui augmente son utilité.

➢ S. Renforçant les capacités de l'individu à supporter privation, torture et coercition pendant un interrogatoire ou lavage de cerveau.

➢ S. et méthodes physiques produisant l'amnésie des événements qui se sont déroulés avant et qui se dérouleront pendant leur utilisation.

➢ Méthodes physiques pour produire choc et confusion sur de longues périodes et susceptibles d'être utilisées de façon furtive.

➢ S. Provoquant des incapacités physiques comme paralysie des jambes, anémie aiguë, etc.

➢ S. Produisant une euphorie « pure », sans « redescente », autrement dit sans discontinuer.

➢ S. Altérant la personnalité de telle façon que la tendance du sujet à devenir dépendante d'une autre personne est augmentée.

➢ S. Causant une telle confusion mentale que l'individu sous son influence, lors d'un interrogatoire, trouvera difficile de soutenir une histoire vraie ou fabriquée.

➢ S. Qui font baisser l'ambition et l'efficacité générales de l'homme, administrables en quantités indétectables.

> S. Qui provoquent faiblesse et distorsion visuelle ou auditive, de préférence sans aucun effet permanent.

> Pilule assommante qui peut être administrée subrepticement dans la nourriture, les boissons, les cigarettes, ou sous forme d'aérosol, etc. Elles peuvent être utilisées en toute sécurité, provoquant une amnésie maximum, et pourraient convenir à certains types d'agents secrets sur une base ad hoc.

> S. Qui peuvent être administrées subrepticement par les voies supérieures, qui en très petites quantités rendent impossible toute activité physique...

NOUVEAU VACCIN MODIFIANT LA CHIMIE DU CERVEAU, EN SOLUTION AU STRESS DES CITADINS...

En août 2010, selon le Daily Mail, le Dr Robert SAPOLSKY, professeur en neurosciences à l'université Stanford, précise qu'un nouveau type de vaccin est prêt à être développé. Il est présenté comme une solution au stress des populations laborieuses ou au chômage, en modifiant la chimie du cerveau pour assurer un état de calme déterminé. Selon lui, c'est un moyen artificiel d'imposer en une seule injection un état de calme pré déterminé, donc d'emprise sur la volonté (focused calm). L'on veut faire croire que certaines formes innées d'expression liées à la colère, à l'émotion, à la passion, au stress, sont anormales et mérites d'être traitées. Cette injection de nouvelle drogue vaccinale a pour but d'obtenir un état de soumission, de docilité. C'est une forme de lobotomisation chimique venant s'ajouter aux apports prévus de lithium dans les réservoirs approvisionnant les populations en eau courante.[97]

---

[97] **Du Lithium dans l'eau pour vous calmer !**
http://www.dailymotion.com/video/xecuc0_du-lithium-dans-l-eau-pour-vous-

Comme toutes les marques de dentifrice, l'eau du robinet[98] est additivée de fluorure de sodium, ou sel fluoré, notamment en Nord Amérique. Les effets de conditionnement mental du fluor sur des esclaves dans les camps de concentration étaient bien connus des chimistes aux ordres des nazis. Autant de moyens anciens et nouveaux, pour créer une sous-espèce d'humanoïdes, drogués et affaiblis, privés de discernement et d'énergie, suffisamment atteints pour se soumettre aux prochaines mesures de contrôle qui seront mises en place par les autorités de la véritable gouvernance mondiale.

---

cal_news
[98] L'eau du robinet contient un niveau très élevé de pesticides, voir ici. Une soupe chimique qui potentialise les effets des autres additifs sciemment utilisés.

CHAPITRE 22

LE PROJET BLUE-BEAM DE LA NASA, INTÉGRÉ AU PLAN D'UN NOUVEL ORDRE MONDIAL

La première étape consistera à semer la confusion dans l'esprit collectif au sujet de la plupart des connaissances et conceptions communément acquises et admises par la société humaine dans le domaine scientifique, archéologique, religieux.

PROPAGANDE POUR REMETTRE EN CAUSE DES CONNAISSANCES, NOTAMMENT D'ORDRE RELIGIEUX

L'objectif est d'annoncer au monde entier, via les médias, preuves, démonstrations, à l'appui qu'il est indispensable de remettre en cause nombre de connaissances générales acquises jusque-là, notamment en matière de croyance religieuse. Cette immense vague de propagande aura pour but de démontrer de façon prodigieuse, bluffante, que depuis des siècles les fondements religieux ont été mal interprétés et détournés de leur essence originelle. **L'actuel mouvement de sape des valeurs spirituelles**, dont l'athéisme est leader, s'avère être **l'étape préparatoire** au projet Blue-Beam. Le courant New Âge en pleine ascension depuis plusieurs décennies en est le mouvement porteur. C'est un courant philosophique si accommodant à suivre dans la vie de tous les jours. D'ores et déjà, il a permis de conquérir les masses humaines, de les mettre en condition psychologique en annihilant les bases religieuses traditionnelles préalablement admises.

Jeter le trouble parmi les masses humaines, puis orienter le monde vers une religion unitaire teintée de libéralisme

Cette puissante mise en condition psychique jettera le trouble parmi le plus grand nombre de gens. C'est après avoir réussi à mettre les populations complètement dans le doute, leur ayant fait perdre tous leurs repères, que s'enclenchera la deuxième étape du projet Blue-Beam. Elle consistera à offrir à tous le moyen de trouver les bases véritables de la connaissance générale et de pratiquer une seule et même vraie religion. La seule voie permettant de réconcilier tous les peuples de la Terre, en les valorisant, tout en soulageant leur conscience et en apaisant leur anxiété. Le moyen le plus subtil qui soit pour que la grande multitude des gens accepte facilement l'officialisation d'une culture universellement reconnue et d'une religion unitaire.

UN TOUT NOUVEAU PARADIGME SOCIÉTAL

Un culte universel dont le sens pratique n'aurait paradoxalement d'égal que son libéralisme, son ouverture aux autres, d'où le rapport avec l'actuel terreau que représente le courant du New Âge. Une possibilité unique de jouir d'une liberté cultuelle assurant tout un chacun de pouvoir y intégrer ses propres valeurs. Tout sera mis en œuvre pour faire valoir cette offre exceptionnelle de nouveau paradigme. Un modèle de pensée dont la force de cohérence sera optimisée par l'inauguration d'un nouvel Ordre, d'un nouveau modèle de société, très ouvert (éclectisme). Toutes sortes de bienfaits sembleront s'offrir au monde. C'est alors que chaque individu pourra entrevoir la perspective de trouver durablement le contentement, l'harmonie, la joie, la paix, et l'épanouissement.

Ce modèle de société sera présenté comme n'ayant jamais eu un seul équivalent par le passé. Pas même celui de la Grèce antique dont le contexte culturel, cultuel, favorisait la cohésion et l'harmonisation de la vie sociétale. Blue Beam sera la contrefaçon socioculturelle et religieuse la plus confondante. Un projet machiavélique qui sera applicable après l'actuelle période de conditionnement des masses, en cours de finalisation. Les conditions actuelles de profonde déstabilisation politique, économique, sociale, de confusion religieuse, soutenues par un puissant conditionnement psychique multiforme, sont le plus sûr moyen de faire accepter à tous les peuples l'effet d'annonce de ce type pour un changement magistral à visée millénariste.

UNE MISE EN SCÈNE SAVAMMENT ORCHESTRÉE

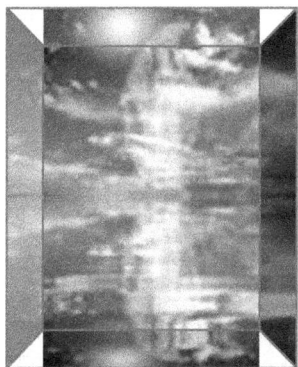

Connaissant parfaitement bien les mécanismes profonds de la psychologie humaine, profitant des effets de la propagande et du conditionnement de masse, le scénario prévu par la NASA se chargera d'ajouter la démonstration d'un formidable effet visuel, sous forme d'**hologrammes** optiques[99] en trois dimensions. Une projection laser d'images holographiques sera organisée en divers endroits du monde, de sorte que chacun reçoive une série d'images à thème valorisant le courant de pensée dominant au sein de son pays, de son continent. L'holographie sera soutenue par l'intonation vibrante d'une voix universelle qui parlera dans toutes les langues et tous les dialectes. Cette méthodologie est précisée au chapitre 21.

Avant que ne débute cette confondante démonstration holographique, les esprits auront été préparés par le moyen technologique de la psychosonique à pulsions micro-ondes (un

---

[99] **Hologramme**
http://fr.wikipedia.org/wiki/Hologramme

chuchotement de voix à l'oreille). L'impact mental en sera d'autant plus confondant et convaincant.

Ce scénario céleste sera projeté par le moyen d'un vaste réseau de satellites artificiels. Pendant ces manifestations extraordinaires, chaque témoin de la scène comme une coquille vide, *mentalement, spirituellement parlant,* y trouvera toute satisfaction de remplir ce vide, car il verra et entendra tout ce qui correspond à ce qu'il désire en son for intérieur entendre et faire. Il s'agit d'un besoin qui n'a jamais pu être assouvi jusque-là, auquel l'individu aspire profondément.

Le stratagème Blue-Beam est si perfectionné qu'au travers un nouveau leader spirituel au réalisme surprenant, l'on verra apparaître simultanément sur tous les continents un Christ illuminé de gloire pour les uns, un nouveau Mahomet assis à la table des prophètes pour les fidèles mahométans, un Bouddha ultra pacificateur pour les autres…

Une circonstance exceptionnelle qui permettra à chacun de voir apparaître le guide religieux et culturel qui lui correspond. Il sera doté de toutes les aptitudes pour répondre à toutes les interrogations, à toutes les attentes affectives, à toutes les aspirations de chaque peuple et ethnie de la planète Terre.

Ces messies si charismatiques, si rayonnants, si attentionnés envers leur auditoire, annonceront simultanément partout dans le monde un message de paix. Cette déclaration plongera la grande multitude placée sous l'effet des **manipulations** psychotroniques dans une forme de ravissement, d'extase - chapitre 21. Comme s'il s'agissait d'une chance inestimable à portée de main, d'une oasis rafraîchissante et apaisante, par contraste avec la dureté, l'âpreté, d'un monde sans avenir, proche du chaos.

LA FUSION DES LEADERS SPIRITUELS EN UN SEUL GUIDE SUPRÊME, LE BOULEVERSEMENT DES ESPRITS

Selon le besoin d'unification des masses, le pseudo-réalisme holographique peut aller jusqu'à unifier les croyances, en fusionnant les diverses figures des leaders spirituels apparus précédemment aux quatre coins du globe en une seule figure de guide suprême. Une entité vivante et sublimée qui participera en personne à dévoiler et expliquer la teneur du mystère religieux qui caractérisait le pluri confessionnalisme mondial et le dispersement cultuel qui n'aura plus jamais lieu d'être. Au final, ce conducteur spirituel divinement transcendé expliquera que l'humanité a été depuis l'origine des temps induite en erreur. Que les religions ancestrales portent l'immense responsabilité d'avoir non seulement mal interprété les écrits sacrés, de surcroît qu'elles ont poussé les hommes à s'entredéchirer. Qu'ainsi elles ont généré les principaux conflits et malheurs qui ont eu lieu depuis l'origine de l'humanité, ce que d'aucuns ne pourraient nier.

Le but de cette grande imposture est avant tout de jeter le trouble et de bouleverser les esprits afin de pouvoir fixer la domination mondiale de la super puissance anglo-américaine. Juste le temps qu'elle puisse introduire salutairement à grands effets d'annonce un nouvel Ordre mondial. Les organisateurs ont envisagé que les conséquences de ce stratagème puissent provoquer un désordre social, politique, culturel et religieux. Ce risque potentiel a été prévu, dans ce cas s'enclencherait alors l'ultime étape garantissant sans la moindre faille la réussite totale du stratagème.

MOYENS ULTIMES MIS EN ŒUVRE POUR L'ABOUTISSEMENT DU PROJET

Pour assurer le succès total de la machination Blue Beam, après l'effet de la psychosonique, une deuxième phase de sécurisation est prévue. Elle consiste à utiliser la télépathie en la couplant à l'électronique par le moyen d'ondes de basses fréquences ELF, VLF et LF (voir le chapitre 7) afin d'atteindre la conscience la plus profonde de chaque individu. L'objectif est de le persuader qu'il ressent au fond de son âme une réelle osmose et fusion mentale, affective, avec cet appel céleste. Ceci se traduit par le ressenti du même écho, de la même pensée que celle exprimée par son dieu holographique. Ce que l'on appelle **la pensée artificielle diffuse**.

Toutefois, la maîtrise totale et instantanée de ce procédé n'est pas acquise sachant qu'une impulsion de basse fréquence peut produire des signaux auditifs pour certains, tandis qu'ils restent inaudibles pour d'autres. Le scénario devra donc durer suffisamment pour appliquer diverses plages de basses fréquences afin de toucher efficacement et durablement le plus grand nombre d'individus.

Néanmoins, s'il reste une minorité de blocage, l'impact global qu'aura produit le stratagème sur la grande multitude fera la différence. Par crainte de rester socialement isolés, docilement, comme des moutons de Panurge, les derniers résistants se rallieront aisément et somme toute facilement à cette majorité.

LA SIMULATION D'UNE INVASION D'EXTRA-TERRESTRES DANS LES GRANDES VILLES DU MONDE

L'ultime étape du projet Blue-Beam portera sur de puissantes manifestations surnaturelles provenant du fond de la galaxie. Son objectif est d'assurer la réussite les phases antérieures en les rendant irrésistibles. Il s'agit de réveiller une peur inscrite dans l'inconscient collectif, celle des extra-terrestres. Une première simulation consistera à faire croire à une invasion d'extra-terrestres dans chaque grande agglomération du monde, où la concentration humaine est la plus grande. La deuxième partie de la ruse fera croire aux populations apeurées, décontenancées, que la nouvelle divinité ou leader charismatique les protégera assurément d'un être surpuissant extragalactique, démoniaque et dominateur accompagné d'une légion d'envahisseurs cruels. Une divinité maléfique suivie de sa horde qui est résolue à n'épargner personne de l'asservissement parmi les habitants de la planète Terre. **C'est pourquoi le cartel a investi beaucoup de moyens pour aboutir à la** technologie **OVNI-Extraterrestre.**

L'HUMANITÉ SE RASSEMBLE AUTOUR DE SON NOUVEAU MESSIE

À la suite de toutes ces mises en scène phénoménales, de ce redoutable conditionnement psychique collectif, générant des hallucinations individuelles, la grande multitude se rassemblera autour de son nouveau messie, ou nouveau sauveur et libérateur. Au cours de son extraordinaire présence holographique, il est prévu qu'un deuxième personnage, un chef politico-religieux, apparaisse. S'il le faut, il pressera et suppliera le libérateur universel de rétablir l'ordre, la sécurité et la paix sociale mis à mal par de possibles débordements et blocages contestataires. Dans ce cas de figure, ce chef demandera au protecteur d'essence divine de solutionner des problèmes les plus urgents, dont certains auront été bien évidemment organisés par avance.

Toutefois, ce scénario de sauvegarde ne pourra durer qu'un court laps de temps. Le train d'ondes de basses et de hautes fréquences en se dissipant comme un nuage artificiel, fumée de couverture, écran tactique, pourrait laisser se produire un retournement d'opinion populaire. Nombre d'individus chercheront alors à se défaire de cette emprise tyrannique, en partie révélée sous son vrai jour. Trop tard, une fois les puissantes mâchoires du piège refermées, la domination impitoyable d'un nouvel Ordre mondial aura pu s'imposer au plus grand nombre d'individus, avant qu'il ne mette sous contrôle toutes les ressources naturelles de la planète.[100]

La grande multitude est à mille lieues de se douter du temps et des préparatifs méthodiques qui ont été nécessaires à cette mise en scène inimaginable. Si le grand public venait à en prendre connaissance même partiellement, les gens diraient que c'est impossible, qu'il s'agit peut-être de la trame pour un livre, un scénario pour un film de politique fiction. Si cette machination semble inimaginable, irréalisable, que dire en contrepartie de la situation désastreuse, inextricable, du monde ? Si l'on dit objectivement qu'il s'agit d'un échec de gestion sociétal qui conduit l'humanité au bord du gouffre, est-ce une réalité, ou est-ce une fiction ? Le monde a sûrement besoin d'un changement de fond n'est-ce pas ? L'on vit la période du paroxysme terrien, tout un chacun s'attend à voir d'une façon ou d'une autre se produire une mutation, n'est-ce pas ? Si l'on demandait l'opinion avisée d'un citoyen pacifique d'une autre galaxie, aurait-il un avis différent, que pourrait-il bien en dire ?

POURQUOI AVOIR LAISSÉ S'ACCUMULER DE SI GRAVES PROBLÈMES, EN MOINS D'UN SIÈCLE ?

Effectivement, c'est dans ce contexte chaotique, paroxystique, inconcevable – Stratégie du choc[101] - qu'une coalition politique dirigée par l'ONU, sous leadership états-unien, annoncera

---

[100] **Comprendre L'Empire - Le Monde ou nous vivons**
https://www.youtube.com/watch?v=8EFlzvbXS2g
[101] **La Stratégie du Choc, de Naomie Klein**
http://www.les-crises.fr/la-strategie-du-choc/

prochainement la mise à plat de toutes ces difficultés planétaires insurmontables. Qui aura alors la naïveté de le croire ? Mais avant que les masses humaines ne se laissent piéger par ce stratagème, reste à découvrir une autre technologie utilisée pour assurer les derniers objectifs tactiques géostratégiques planifiés par le cartel, nous avons pris soin de vous la livrer.

CHAPITRE 23

POTENTIEL À MODIFIER, BOULEVERSER, LE CLIMAT, LES CONDITIONS MÉTÉOROLOGIQUES

Dès 1840, aux États-Unis, les militaires ont réalisé les premières expériences pour disperser le brouillard. Au fil du temps, les progrès sont manifestes, maintenant ils peuvent se rendre maîtres de certaines conditions météorologiques. Dès les années 1950, l'option retenue était de modifier le temps à défaut du climat global, par réalisme de limitation technologique, non par manque d'ambition ou d'hégémonie. En 1958, le chef de la recherche météorologique de l'United States weather fait allusion à un article du magazine science citant l'utilisation d'explosifs nucléaires pour créer des nuages glacés permettant de réfléchir les radiations infrarouges (infrared reflecting ice clouds) afin de pouvoir réchauffer le climat de l'arctique. À la même époque, les chefs soviétiques en perpétuelle compétition avec les Anglo-saxons motivent leurs scientifiques pour faire mieux.

Ils projettent l'injection d'aérosols de substances métalliques à la limite de la haute atmosphère afin de former des orbites en partie comparables aux anneaux de Saturne. L'objectif vise à produire plus de chaleur et de luminosité sur le nord de la Russie, tout en faisant de l'ombre aux régions équatoriales. Pour ne pas être distancée, la Chine annonce officiellement en 2000 la mise en service d'un bureau national de modification du climat, alors que ces travaux en climatologie remontent aussi aux années 1958, comme ceux des Russes et des Américains. À cette occasion, le chef du parti communiste Jiang ZEMIN s'est déclaré étonné de la capacité des Russes à provoquer la pluie pour célébrer l'anniversaire de la victoire sur le nazisme. Il promettait que les Chinois feraient aussi bien pour les prochains Jeux olympiques. L'agence météorologique chinoise emploie 37 000 personnes, dont 10000 sont chargées de l'ensemencement classique des nuages en iodure d'argent à partir de fusées ou d'obus. Côté américain, Evergreen-Air,[102] sous tutelle de la CIA, épand massivement des chemtrails (jusqu'à 76000 litres de mélange baryum – paillettes d'aluminium pour chaque opération journalière) à partir de 100 bases aériennes.

LA CONVENTION ENMOD, LE TRAITÉ DE NON UTILISATION DE TECHNOLOGIES CLIMATIQUES

Au cours de la guerre du Vietnam, le pentagone a utilisé l'iodure d'argent pour provoquer des pluies torrentielles, allonger la saison des pluies et par là même rendre impraticable la piste d'Hô Chi Minh afin de ralentir la progression ennemie des troupes nord-vietnamiennes. Dès 1972, cette tactique s'ébruite et l'on tente de minimiser ce nouveau scandale « *Il valait mieux se prendre des gouttes de pluie qu'un tapis de bombes sur la tête* » disait un sénateur du Rhode Island (cf. édito du Providence Journal Bulletin de 1975). Mais il était difficile de masquer ironiquement la mise au point sur une période de sept années, ayant nécessité 25,2 millions de dollars, pour assurer les 2300 « *missions-pluie* » sur Hô Chi Minh, effectuées par l'escadron n° 54 de reconnaissance météo. Les aveux du Pentagone, faisant suite aux débats du Congrès, éviteront de justesse un Watergate de la guerre météo.

---

102 **Evergreen International Aviation**
http://fr.wikipedia.org/wiki/Evergreen_International_Aviation

La dénonciation de ces faits suscitera en 1976 l'initiative de la mise en place de la convention **ENMOD**[103] (Environmental Modification) sur l'interdiction d'utiliser des techniques de modification de l'environnement à des fins militaires ou à toutes autres fins préjudiciables. Elle entre en vigueur en octobre 1978. La proscription porte non seulement sur les conditions atmosphériques (pluie –sécheresse), mais aussi sur les courants océaniques (1), la couche d'ozone et l'ionosphère, les tremblements de terre, les tsunamis (2). Une convention néanmoins limitée dans son champ d'application puisque les recherches en cours ne sont pas interdites, HAARP par exemple – voir le chapitre 13.

(1) Voir au chapitre 11 – Le cartel a la capacité d'influer sur le climat...

(2) Voir au chapitre 13 – modification du **Gulf Stream** – au chapitre 25 – Potentiel à provoquer un tremblement de terre par HAARP et autres procédés.

Rien n'a pu freiner l'utilisation de l'arme climatique - voir cette **vidéo** en espagnol et français.[104]

Cependant, influencés, via le CFR, par les objectifs funestes de la gouvernance mondiale occulte, les gouvernements successifs des États-Unis n'ont jamais renoncé à la stratégie environnementale, au contrôle atmosphérique (environmental warfare). Un moyen envisagé dès les années 1960 pour contrecarrer les plans de guerre de l'ennemi, comment ? En supprimant l'approvisionnement en eau potable, en déclenchant une tempête, une inondation ou une sécheresse, un tremblement de terre, la foudre, en dirigeant un ouragan vers une cible. Une panoplie d'armes tactiques, géostratégiques, utilisables en toute discrétion, sans avoir à dévoiler d'intention belliqueuse envers

---

[103] https://www.icrc.org/dih/INTRO/460
[104] **CHEMTRAILS Télé Espagnole Géoingénierie par Josefina Fraile 2013 vostfr** https://www.youtube.com/watch?v=AjUnevis1no#t=33

une région, un pays, un gouvernement. L'atout majeur des guerres à caractère environnemental est de pouvoir s'abstenir de toute déclaration d'intention et d'agir contre son ennemi sous le couvert de phénomènes communément reconnus comme naturels.

En 1957, la commission sous influence du **CFR**[105] – en conseillant le président EISENHOWER en matière météorologique précisait que les moyens en cours de développement pourraient devenir une arme plus efficace que l'arsenal nucléaire, considéré à l'époque comme l'arme absolue. Ceci se confirme en 2003 par la teneur du rapport « *Imaginons l'impensable* » commandé par le Pentagone. Une expression rendue célèbre durant la guerre froide par le stratège Herman KAHN. Avec SCHELLING, ils se sont profilés visionnaires en futurologie. Tous deux se sont basés sur la théorie des jeux – *l'Arms control*, dont *le Jeu à somme nulle* – un concept inventé par NEUMANN.

LES PERSPECTIVES INIMAGINABLES DE LA GUERRE CLIMATIQUE

Dès les années 1940, le mathématicien John Von NEUMANN, en collaboration avec le département US de la Défense, entreprend des recherches sur les modifications météorologiques, il entrevoit les perspectives *inimaginables*, *impensables*, de la guerre climatique. En 1956, il avertit disant « *les dangers de maîtrise globale du climat sont plus grands que ceux liés à la prolifération nucléaire* ».

La définition renouvelée des sigles démontre l'évolution de la technologie du contrôle climatique. Parmi les armes de

---

[105] **Council on Foreign Relations**
http://fr.wikipedia.org/wiki/Council_on_Foreign_Relations

destruction de masse (ADM) réunies sous le sigle ABC, le nucléaire appartient à une catégorie à part (A) – bactériologique (B) – chimique (C). Au fil des années, ce sigle a changé pour devenir NBC, puis NRBC – R – pour armes radiologiques (voir au chapitre 11).

DATES CLÉS EN CLIMATOLOGIE ET GÉO INGÉNIERIE

1954. Dans la revue Collier, le conseiller d'EINSENHOWER évoque les scénarios de guerre météorologique.

1958. Le chef de la recherche météorologique de l'United States weather bureau dans un article du magazine Science fait mention de l'utilisation d'explosifs nucléaires pour réchauffer l'arctique afin de former des nuages glacés réfléchissant les radiations infrarouges (infrared reflecting ice clouds).

1962. Dans le journal of Geophysical Research, les auteurs F. PRESS et C. ARCHAMBEAU évoquent la libération de tensions tectoniques par explosions nucléaires souterraines. (Voir le chapitre 25).

1966. Au Vietnam, les forces américaines lancent une campagne d'injection de particules dans les nuages, au cours de leurs 2300 missions aériennes. C'est l'opération Popeye dont le budget s'élève à 3,6 millions de dollars/an. La même année, le journaliste scientifique britannique Robin CLARK relate l'intérêt du Pentagone pour le projet de la Nasa consistant à positionner dans l'espace à la verticale du Vietnam un miroir géant permettant de réfléchir la lumière du soleil, afin d'éclairer la jungle la nuit, limitant l'infiltration de l'ennemi.

Mars 1971. Le journaliste Jack ANDERSON révèle l'affaire sur les faiseurs de pluie en Asie du Sud-est (Air force Rainmakers). Le fait est confirmé par les documents classés secret défense (Pentagone Papers) relativement à l'implication politique et militaire des États-Unis dans la guerre du Vietnam de 1945 à 1971.

Août 1975. Parallèlement à la pulvérisation sur le sud Vietnam de 300 millions de litres d'agent orange, un défoliant contenant de la dioxine TCDD, l'un des poisons les plus violents jamais découverts, qui affecte les fonctions hormonales, immunitaires et reproductrices, sur plusieurs générations, il a été utilisé entre 1961 et 1971.[106] Les répercussions de l'opération Popeye de 1966 mobilisent l'Assemblée générale des Nations Unies estimant que le sujet mérite d'être traité dans le cadre de la conférence du comité du désarmement à Genève (ex CD). Une initiative faisant suite au projet présenté par l'URSS de convention sur l'interdiction d'utiliser des techniques de modification de l'environnement à des fins militaires ou à toutes autres fins préjudiciables (ENMOD).

1977. La France, la Chine refusent de signer ENMOD, le tout premier traité qui évoque la guerre environnementale.

1979. L'enveloppe budgétaire du Pentagone consacrée aux modifications environnementales est supprimée alors que Washington ratifie la Convention ENMOD.

1982. Paul CRUTZEN et BIRKS sont les premiers à préciser que l'effet des feux et poussières générés par une guerre nucléaire pourrait entraîner un changement climatique global.

Avril 1984. Un symposium est organisé par le SIPRI (Stockholm International Peace Research Institute) – l'UNIDIR (United Nation Institute for Disarmament Research) et l'UNEP (United Nations Environment Programme). L'objectif commun est de faire le point sur l'utilisation réelle ou possible par les militaires

---

[106] http://www.agent-orange-vietnam.org/

des technologies de modification de l'environnement naturel des sociétés humaines.

Septembre 1984. La première conférence de révision d'ENMOD se tient à Genève, sont absentes la Chine et la France.

1985. Un ouvrage de P. EHRLICH – Carl SAGAN – D. KENNEDY – aux éditions Belfond, sur l'hiver nucléaire, *le Froid et les Ténèbres*, relate le monde après une guerre atomique. Au même moment paraît la contribution de savants soviétiques à la théorie de glace de l'hiver nucléaire, correspondant à un contre effet de serre ou global-cooling.

1988. Un groupe intergouvernemental d'experts sur l'évolution du climat GIEC (IPCC en anglais) est créé par l'Organisation météorologique mondiale et par le Programme des Nations Unies pour l'environnement – PNUE à la demande du G7.

Août 1996 : L'US Air Force publie un rapport sur la météo présentée comme une force multiplicatrice, surnommée « *Air Force 2025* » avec la vision de contrôler le temps - climat, d'ici 2025.

Avril 1997 : Le secrétaire d'État à la Défense William COHEN exprime sa crainte de voir des actes de terrorisme environnemental comprenant la dégradation du climat, le déclenchement de tremblements de terre à distance, ou d'éruptions volcaniques. Voir au chapitre 25 l'analyse de sa déclaration à double sens.

Octobre 1997 : Edward TELLER est l'un des premiers scientifiques de renom à conseiller l'usage de la géo ingénierie. Il préconise comme Paul CRUTZEN de répandre dans la stratosphère des particules réfléchissantes de soufre, d'aluminium (puissant neurotoxique), pour stabiliser le réchauffement planétaire. Source the Wall Street Journal – *The planet needs a sunscreen.*

1998 : Parution de l'ouvrage Geoengineering – A climate change – Manhattan-Project – publié par l'université de Stanford, d'Edward TELLER, l'un des pères de la bombe H. Cette même année un débat sur le projet **HAARP** à lieu au parlement européen, il est mené par des représentants des États-Unis.

28 janvier 1999 : Dans sa résolution A4-0005/99, le parlement européen rappelle en préambule que la recherche militaire porte actuellement sur la manipulation de l'environnement – climat - à des fins martiales, cela en dépit des conventions existantes.

Février 1999 : Après l'enquête sur le projet HAARP, la Commission européenne estime qu'elle n'a pas les moyens de se prononcer – EU Lacks Juridiction to Trace Links Between Environment and Defense – Report 1999,[107] february 3.

2000 : La Chine met en place le bureau de modification du temps.

Novembre 2001 : L'Assemblée générale des Nations Unies proclame la résolution 56/4 par laquelle le 6 novembre sera chaque année la journée internationale pour la prévention de l'environnement en temps de guerre ou de conflit armé.

Octobre 2003 : Un rapport est commandé par le Pentagone sur les implications du changement climatique pour la sécurité nationale des États-Unis. Il est intitulé – *Imaginer l'impensable* – Il rappelle certains rapports alarmistes de la CIA des années 1970 – *The Weather Conspiracy – The Coming of The New Ice Age* – 1977.

---

[107] http://www.europarl.europa.eu/sides/getDoc.do?pubRef=-//EP//TEXT+REPORT+A4-1999-0005+0+DOC+XML+V0//EN

2006 : Le chimiste de l'atmosphère Paul. J. CRUTZEN, prix Nobel de chimie 1995, reconnu pour ses travaux sur l'altération de la couche d'ozone publie en août dans la revue Climate Change un article intitulé *Renforcement du réfléchissement terrestre par injection de soufre dans la stratosphère.*

Avril 2007 : À l'initiative du Royaume-Uni, le Conseil de sécurité de l'ONU décide de consacrer une session à la question du climat, une première dans l'histoire du Conseil de sécurité. La Chine, la Russie, le Qatar, l'Indonésie et l'Afrique du Sud estiment que le Conseil de sécurité n'est pas le lieu adapté pour discuter du réchauffement climatique.

2007 : Le GIEC et Al GORE[108] se voient décerner le prix Nobel de la paix. Le film – *une vérité qui dérange* fait le tour du monde. Mais curieusement, il fait l'impasse sur les activités militaires liées à la manipulation du climat.

Mars 2008 : Le haut représentant de l'Union européenne Javier SOLANA et la Commission européenne publient un rapport sur les changements climatiques et la sécurité internationale. En résumé, « *les changements climatiques représentent un multiplicateur de menaces* ».

12 juin 2008 : Le député vert Alain LIPIETZ organise un colloque au Parlement européen à Bruxelles sur le thème « *Sécurité collective durable* », le premier du genre.

2008 : Dans le Bulletin of Atomic Scientists, Alan RABACK donne vingt raisons de se méfier de la géo ingénierie, dont deux sont liées à la Convention ENMOD.

---

[108] Comme membre très influent du CFR, de la Commission trilatérale et très probablement du Bilderberg group, Al GORE est un fervent défenseur de Gaïa la Terre-Mère – notre livre « Initiation & sociétés secrètes ».

Juin 2009 : L'Assemblée générale de l'ONU approuve par consensus une résolution reconnaissant pour la première fois que le réchauffement climatique constitue un enjeu de sécurité internationale.

Le texte parrainé par 63 États membres appelle les organes compétents de l'ONU à intensifier les efforts consacrés à l'examen et au traitement du problème des changements climatiques notamment les répercussions que ceux-ci pourraient avoir sur la sécurité.

Novembre 2009 : La Central Intelligence Agency – CIA – se dote d'une section *climate change and state stability program*. L'objectif de cette cellule est d'évaluer les conséquences du réchauffement climatique sur différentes parties du globe.

DE L'IODURE D'ARGENT À L'UTILISATION DE LA FORCE EM ARTIFICIELLE POUR MODIFIER LE CLIMAT

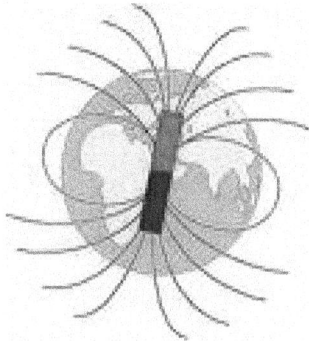

Les ondes de type HAARP émises depuis le sol vont atteindre en spirale la zone ionosphérique visée, entre 150 et 500 km d'altitude (voir le chapitre 14). Le niveau déterminé sera fonction de l'activité solaire, de la densité électronique (ionique) la plus forte 10^6, la plus favorable à la propagation des ondes courtes HF. Celles-ci sont préalablement mises sous tension + 800 millions de volts/cm^3 lors de leur émission depuis le sol, ce qui leur confère une énergie démultipliée tachyonique (champ de tachyons – chapitre 15).

Les ondes sont transportées jusque dans la haute atmosphère à l'appui du réseau naturel de l'électro-jet du nord magnétique, ou courant très dense de plasma, plus connu sous le nom d'aurore boréale, jusqu'à atteindre le niveau requis de l'ionosphère. C'est alors la phase de réflexion des ondes, préalablement potentialisées sous forme de plasma dans l'ionosphère, en direction de la Lune et/ou de satellites artificiels, d'où elles sont redirigées vers l'atmosphère de cette Terre, des océans, de l'espace. Précisément dans la tropopause à 8 km d'altitude lorsqu'il s'agit d'interférer sur le climat (voir au chapitre 11, le schéma simplifié d'émission-réflexion). Elles s'orientent d'un pôle à un autre à la perpendiculaire des lignes terrestres de champ EM (image ci-dessus).

Elles influent sur le climat par palier progressif, en modifiant le positionnement et le mouvement des anticyclones afin de pousser les masses d'air froid vers les régions tempérées, les masses d'air chaud vers les régions arctiques. En amplifiant considérablement l'effet de serre consécutif aux diverses pollutions liées au gaspillage des ressources en carbone (raffineries de pétrole, industries lourdes, centrales énergétiques au charbon, chauffage domestique, fioul, gaz, utilisation démesurée des moteurs à explosion, à réaction). Cet immense gâchis alors qu'il suffisait d'utiliser un dispositif inventé par

Nikola TESLA à énergie universelle, gratuite et non polluante. Un appareillage simple à produire, à la disposition de tous depuis plus d'un siècle, l'énergie libre est une réalité – voir le chapitre 1. Mais ce n'était pas le temps de le faire, le cartel en prévoit l'utilisation, sous forme de démonstrations stupéfiantes lors de l'inauguration du nouvel Ordre mondial.

LE DÉCLIN CLIMATIQUE AVÉRÉ DE LA PLANÈTE

Un siècle a suffi pour le déclin climatique avéré de la planète. Une dégradation très rapide caractérisée, entre autres, par la fonte des glaces, la perte de salinité des eaux froides de l'arctique, le dégel du permafrost entraînant la fuite de l'hydrate de méthane[109] stocké depuis des millions d'années. Depuis l'ère glaciaire, c'est un gaz maintenu à l'état solide sous le sol gelé et sous le plancher océanique, il se libère sous l'effet du réchauffement global qu'il participe à accélérer 14 fois plus que le CO_2. D'où le dérèglement rapide du Gulf Stream et l'adoucissement délibéré et arbitraire, tout aussi inattendu, de l'hémisphère nord.

CONTEXTE ÉVÉNEMENTIEL LIÉ À L'UTILISATION DE LA FORCE EM ARTIFICIELLE

Le 14 octobre 1976, les communications radio de toute la planète ont été interrompues par des ondes émises de l'ex-URSS. Dans le monde, nombre de centres d'écoute officiels ont enregistré ce phénomène. Il s'est reproduit moins puissamment à haute et basse fréquence à intervalles et durées espacées. Les techniciens des centres de radiocommunications, amateurs et professionnels,

---

[109] **Du méthane s'échappe du fond de l'océan Arctique : un danger ?**
http://www.futura-
sciences.com/magazines/environnement/infos/actu/d/climatologie-methane-
echappe-fond-ocean-arctique-danger-22906/

ont tenté d'identifier et de localiser ce phénomène. Côté des services de la défense et du renseignement américain, en décembre 1976, l'on avait la conviction d'émissions de puissants signaux radars russes. Le Canada, le Royaume uni, les pays scandinaves, les États-Unis ont protesté officiellement auprès de l'URSS qui s'excusa pour ce type d'interférence consécutive aux expériences radars qu'elle conduisait, une explication qui ne leur sembla plausible que peu de temps. Quelques mois plus tard, la nature des radiations devint spectaculaire, cette fois, il s'agissait de grandes vagues d'ondes EM stationnaires longues d'une centaine de kilomètres en provenance du sous-sol et se dirigeant droit jusqu'à l'ionosphère. Leur périodicité de 4 à 26 pulsations par seconde se reproduisit de façon sporadique.

LES EXPÉRIENCES EM OBSERVÉES CÔTÉ RUSSE

Côté Russe, l'on fit une promesse de réduire, voire de stopper ce type d'expérience. De toute évidence, il ne s'agissait pas de signaux radars comme l'URSS voulait le faire croire. À l'Ouest, il fallut que chacun reconsidère les faits. L'on avança nombre d'explications, dont la plus plausible fut la localisation des ondes EM près de Riga en Lettonie, impliquant l'émetteur HF de Gomel à 80 km de Tchernobyl. Il était alimenté par cette centrale nucléaire jusqu'en décembre 2000, soit pendant 14 années après la catastrophe de 1986, date qui semblait marquer l'arrêt total de cette unité nucléaire. Des témoignages confirmèrent qu'à cette période les Russes avaient contacté toutes les personnes qui avaient connu et côtoyé Nikola TESLA, notamment son assistant Arthur MATTEWS. Les officiels Russes ont pu le rencontrer au Québec dans le but de rassembler le maximum d'informations sur l'installation d'origine mise en place par le savant dès 1900. Lors de cette rencontre, le délégué soviétique précisa que dans son pays le développement de cette technologie était en cours de réalisation.

LA TECHNOLOGIE TESLA OPÉRATIONNELLE

En recoupant les rapports météorologiques du centre national de recherche atmosphérique de Boulder au Colorado, l'on pouvait aisément déduire que dans les années 1980 la technologie TESLA était opérationnelle. Ces documents décrivaient qu'une anomalie d'un multiple blocage météo était relevée le long de la côte ouest de l'Amérique du Nord – aussi sur la côte Est – un troisième en Europe du Nord, au sud de la frontière entre la Pologne et la Russie, s'étendant du haut de la Finlande vers le bas de la Roumanie. Ce type d'anomalie peut se produire naturellement, mais il ne dure jamais aussi longtemps. De plus, ce cas fut recoupé par la détection et la géo position d'ondes stationnaires EM de grande ampleur, d'où provenaient-elles ?

UNE MODULATION DE FRÉQUENCE NON IDENTIFIÉE, DES SATELLITES US DÉTRUITS

Ce bouleversement météorologique incita l'armée américaine à utiliser des satellites-espions pour évaluer la nature exacte des activités militaires russes. Ce qui incluait l'emplacement des sous-marins soviétiques dans tous les océans, leur repérage était rendu possible par la diffusion d'ondes de très basse fréquence émanant des propulseurs nucléaires en fonction. Mais, pendant un laps de temps, ce type de signaux a été interrompu par une modulation de fréquence que les directeurs du Pentagone ne parvenaient pas à identifier, ni à interpréter. Jusqu'à ce qu'on les informe de l'utilisation d'ondes stationnaires EM russes. C'était bien la source d'ondes de basse fréquence à l'origine des signaux inexplicables. À cette initiative américaine, les Russes ont répondu par l'utilisation de rayons laser ayant désorienté, puis éliminé, les satellites-espions US. Un fait au prime abord démenti par le Ministère US de la Défense, sous prétexte de lueurs anormalement hautes et intenses issues de fuites de gaz de pipelines russes. Puis, le secrétaire de la défense Harold BROWN reconnut que deux satellites avaient été détruits par un moyen technologique « *à rayonnement électronique* ».[110]

UN DÉRÈGLEMENT CLIMATIQUE TRÈS CONTRASTÉ AUX ÉTATS-UNIS ET EN EUROPE

La nature et la durée de ces ondes très énergisées avaient interpellé quelques experts sur leur capacité à dévier la normalité directionnelle des alizés, apportant des inondations et refroidissant anormalement les États-Unis et le Canada, avec la toute première apparition de la neige sur les palmiers du sud de la Floride. Le 19 janvier 1977, les habitants ont vu pour la première fois de leur vie 2 à 5 cm de neige, jusqu'à Freeport aux Bahamas, ou la neige se mêla de pluie glacée. La température au sol descendit de moins 3,3°C à moins 6,6°C dans le comté de Broward, causant d'importants ravages aux diverses cultures de haricots, maïs, surtout d'orangers.

L'hiver 1976 -1977 fut l'un des plus froids de l'histoire de l'est du Mississippi, du New Hampshire au Minnesota, passant par la Louisiane et la Floride. 64 villes américaines ont enregistré en janvier, pour la première ou deuxième fois, le froid le plus intense depuis qu'existent les premiers relevés météorologiques. Pour 24 autres villes, ce fut le mois le plus froid tandis qu'il y eut quelques semaines plus tard une sévère sécheresse à l'ouest des États-Unis. En Europe de l'Ouest le temps fut aussi bouleversé, moins 3,3°C à Naples...

---

[110] **Battle of Harvest Moon & True Story of Space Shuttles**
http://www.bibliotecapleyades.net/sociopolitica/esp_sociopol_firesky01.htm

LE CONTINENT EUROPÉEN SOUMIS À UN DÉRÈGLEMENT CLIMATIQUE SANS PRÉCÉDENT

Beaucoup d'Européens disent « *Il n'y a plus de saison !* » L'Europe normalement sous climat continental est depuis quelques décennies cycliquement l'objet d'un climat de type tropical. Il se caractérise par une alternance de sécheresse et de pluies de mousson et autres manifestations météorologiques étranges, incluant de grandes vagues de froid, difficilement interprétables. Plusieurs députés européens en ont pris conscience et s'en inquiètent. Ils soupçonnent une manipulation climatique de type HAARP. Voir les causes de la modification du parcours du Gulf Stream.

Le rapport du GRIP (Groupe de recherche et d'information sur la paix et la sécurité) expose exhaustivement les résultats de toutes les investigations faites sur l'utilisation d'ondes électromagnétiques. Magda HOALVOET Eurodéputée, présidente du groupe des verts, sollicite vivement le Parlement européen pour qu'il fasse pression, via l'OTAN, sur les puissances mondiales émettrices d'ondes scalaires, notamment les États-Unis. Son action est consolidée par divers enquêteurs privés, scientifiques, chercheurs, militants écologistes, ayant décidé officiellement de connaître ce qui se cache derrière la présentation officielle du programme HAARP.[111]

MALHEUR AUX PAYS QUI S'OPPOSENT À LA POLITIQUE MONDIALISTE

Catastrophe naturelle ou à attaque météorologique ? Dans la nuit des 25 et 27 décembre 1999, deux tempêtes d'une violence

---

[111] **The HAARP Project and nonb-lethal weapons**
http://www.europarl.europa.eu/press/sdp/backg/en/1998/b980209.htm

exceptionnelle s'abattaient sur la France, alors que le pays s'apprêtait à célébrer le passage à l'an 2000. Le réseau électrique du pays fut détérioré, nombre de forêts dévastées, transformées en paysage apocalyptique. Ces tempêtes représentaient un phénomène météo très inhabituel, *du jamais vu*. Les modélisations 3D réalisées par Météo France montrent à quel point la configuration météorologique avait l'efficacité d'une machine de guerre.[112]

Les tempêtes de décembre 1999 ont été provoquées afin de sanctionner l'attitude récalcitrante de la France socialiste sur la mondialisation, les OGM, et son opposition au traité asservissant de l'**AMI**.[113] À l'époque, l'objectif central de l'AMI était de créer un ensemble de droits nouveaux pour les lobbies, les multinationales, au détriment des États-nation et des populations, mais sans aucune possibilité de contrepartie morale, sociale, financière. Cet accord économique international a été négocié dans le plus grand secret dès 1995 sous l'égide l'OCDE, finalement il fut retiré, mais réintroduit en 2013 sous la forme plus assujettissante du **Nouveau marché Transatlantique**,[114] également négocié dans le secret.

Ces « *deux coups du climat* », comme deux claquements d'une arme de gros calibre tirés à bout portant, ont incité vivement le premier ministre de l'Époque Lionel JOSPIN à opérer, sous la menace de la force climatique, un revirement complet de sa politique en faveur de la mondialisation, des OGM… Un geste de soumission qui a préservé les intérêts, les méthodes, les plans

---

[112] **Tempête du siècle decembre 1999**
https://www.youtube.com/watch?v=u2b5kbH6v-4
[113] **Accord multilatéral sur l'investissement**
http://fr.wikipedia.org/wiki/Accord_multilat%C3%A9ral_sur_l%27investissement
[114] **Le traité transatlantique, un typhon qui menace les Européens**
http://www.monde-diplomatique.fr/2013/11/WALLACH/49803

du cartel mondialiste et de leurs soutiens. Le pays mis à genou, vaincu par ces deux tempêtes artificielles, était dans l'obligation de capituler sans condition, une capitulation signée discrètement dans les corridors secrets de l'actuelle véritable gouvernance mondiale. Ni la presse, ni le milieu politique intermédiaire, ne put savoir, ni comprendre, ni même imaginer, le sens exact des événements géostratégiques, politico-climatiques qui s'abattirent sur l'environnement de l'hexagone cette année-là.

LES ARMES CLIMATIQUES SONT UNE RÉALITÉ MÉCONNUE

Rappelons que l'existence des armes climatiques est un fait qui a été implicitement reconnu dans les termes d'un traité international de désarmement, mais une réalité méconnue du grand public. Il fut adopté en 1978, sous le nom de « *Convention ENMOD* ».[115] Il interdit expressément le développement d'armes « *de nature à influencer le climat* ». Le fait que ce type d'arme soit mentionné dans cet accord indique que leur potentiel d'application s'oppose à l'évocation de tous scénarios de science-fiction.

AUX ÉTATS-UNIS, LE PROGRAMME HAARP EST SUJET À CONTROVERSES

Aux États-Unis, ce programme suscite bien des controverses et de la suspicion parmi les citoyens. Parmi eux le chimiste Richard WILLIAM, le professeur et physicien allemand ZIELINSKY, spécialiste en physique quantique. Une scientifique de haut niveau, le docteur Rosalie BERTELL, antérieurement désignée pour étudier les effets du programme Star-War sous l'administration REAGAN, est devenue consultante pour le

---

[115] https://www.icrc.org/dih/INTRO/460

parlement européen, dans le cadre de l'enquête sur la véritable nature HAARP. Elle affirme clairement que ce type d'expérience est fait à l'insu du grand public[116] et au mépris des conventions internationales.[117]

Les sites et relais de type HAARP se sont étendus en réseau à :[118]

➢ Porto Rico, situé dans les grandes Antilles, entre l'océan Atlantique et la mer des Caraïbes, un État associé aux États-Unis, membre du Commonwealth.

➢ Tromsoe en Norvège, au nord du cercle polaire.

➢ Jimarca au Pérou, à l'ouest de l'Amérique du Sud, sur son versant occidental se trouve le bassin de l'océan Pacifique.

➢ En Russie, près de Moscou.

➢ Nizhny Novgorod en Ukraine.

➢ Au Tadjikistan.

➢ Voir également au chapitre 14, le sous-titre les principaux sites de type HAARP dans le monde.

Réaction de l'Europe *« Aucune force démocratique n'est en mesure de contrer la planification »*

Depuis octobre 1998, à Bruxelles, le GRIP dispose d'un observatoire appelé Forces armées et Environnement, il a pour objectif d'étudier l'impact des activités militaires sur l'environnement politique, économique, juridique, scientifique et éthique. Le GRIP considère que le projet HAARP en raison de

---

[116] http://www.ratical.com/co-globalize/HAARPbg.html
[117] **Planet Earth the Latest Weapon of War**
http://www.bariumblues.com/bertell_reveals_many_new_weapons.htm
[118] **Global Ionospheric Heater Inventory - HAARP is Only One.of Many**
https://www.youtube.com/watch?feature=player_embedded&v=ZrjLl4iyXcg#!
10/28/2012 -- Canada 7.7M earthquake
https://www.youtube.com/watch?feature=player_embedded&v=kK6__rSlzQs

son impact général sur l'environnement est un problème de portée mondiale. Il demande que ses implications juridiques, écologiques et éthiques, soient examinées par un organisme international indépendant. Le **GRIP**[119] déplore qu'à maintes reprises le gouvernement des États-Unis ait refusé d'envoyer un représentant pour apporter un témoignage sur les risques que comportent pour l'environnement et la population le projet HAARP et ses applications effectives. Le GRIP demande que soit établi un accord international visant à interdire à l'échelle mondiale tout développement et déploiement d'armes qui pourraient ouvrir la porte à toute forme de manipulation de l'homme. Malheureusement, pour l'instant, aucune force démocratique n'est en mesure de contrer la montée en puissance des moyens planifiés pour l'instauration d'un nouvel Ordre mondial. Tout ceci étaye notre investigation et l'avertissement qui en découle.

CORRÉLATION ENTRE CONSTATS MÉTÉOROLOGIQUES ET STRATÉGIE QUANTIQUE DE MODIFICATION CLIMATIQUE

Le 21 novembre 1977, une vague importante d'ondes stationnaires EM est observée sur la côte pacifique de l'Amérique, de l'Alaska au Chili. Des photos satellites délimitent des amoncellements de nuages au-dessus de toute cette partie de l'océan, n'effleurant que la terre de Californie. Au centre de la masse nuageuse, une ligne noire large de 1600 km et longue de 320 km, comme tracée à la règle, indique une éclaircie, parmi les nuages, un phénomène sans aucun équivalent et sans aucune explication dans les annales météorologiques. Cette éclaircie peut s'expliquer par la puissance gigantesque d'ondes EM de type HAARP acquise par un mouvement d'amplification colossale, réalisée en aller-retour Terre ⇨ Ionosphère ⇨ Satellite artificiel

---

[119] http://www.grip.org/fr/themes-de-recherche

⇨ ou Lune ⇨ et/ou nuages ensemencés en réflecteur ⇨ Terre. Voir le schéma - chapitre 11.

Rappel : S'il s'agit d'atteindre le corps humain et d'agir à distance sur le système nerveux central, cela dépendrait principalement du calcul du contrôle de phases, plutôt que de la puissance émise. S'il s'agit d'un but destructif (objet, homme…) ou d'un but ayant une visée modificative (climat, masse), c'est un autre type de calcul de phases et de puissance qui est programmé. Sachant que l'énergie scalaire pénètre la matière solide sans perte d'intensité, de potentialité, augmentant ou diminuant même la masse de la cible animée ou inanimée.

Les ondes stationnaires de novembre 1977 situées sur la côte pacifique qui étaient liées à cette masse nuageuse ont perduré cette zone une partie du premier trimestre de l'année 1978. Elles entravaient les flux météorologiques naturels d'Est en Ouest au-dessus de l'Amérique du Nord, modifiant le courant circumpolaire antarctique. S'agissant du plus puissant courant océanique du globe entraîné par de violents vents d'Ouest, dont la spécificité est de relier tous les océans entre eux, car il n'est pas stoppé par un continent. Il permet ainsi le passage des courants marins d'un océan à un autre, à l'exception du resserrement entre la pointe de l'Amérique du Sud et la péninsule Antarctique. Une zone particulièrement inaccessible, où les vents et les vagues de l'océan austral atteignent des ampleurs souvent inégalées. Des conditions qui rendent la navigation très difficile et par conséquent l'étude de ce courant très limitée.

MODIFICATION DU JET STREAM

Les ondes stationnaires ont décalé anormalement ce courant vers le sud. Cette masse d'air continua de descendre sur la totalité du continent nord-américain provoquant plus de pluie et de froid que la normale à cette période de l'année, sans toutefois battre des records. Parallèlement, le 21 novembre 1977, le Jet Stream nord-américain (courant aérien très rapide 200 à 300 km/h, situé à très haute altitude à 10.000 mètres) changea inhabituellement et imprévisiblement de position,[120] d'où l'émergence d'une masse d'air de l'océan atlantique envahissant la moitié Est du Canada et des États-Unis.

UNE SÉRIE D'EXPLOSIONS INEXPLIQUÉES

Par ailleurs, une série d'explosions mystérieuses se produisirent le long de la côte atlantique américaine, au nombre de : 2 le deux décembre – 5 le quinze décembre – 2 le vingt-deux décembre 1977. Dans certains cas, l'explosion était accompagnée en direct ou en différé d'éclairs de lumière vive. Soucieux d'élucider la situation, le bureau fédéral américain de science & technologie et le Pentagone cherchèrent à s'enquérir auprès de l'ensemble des agences gouvernementales pour savoir si elles-mêmes étaient à l'origine du phénomène. Non seulement ce n'était pas le cas, mais aucune d'entre elles ne put livrer la moindre information. Le Dr William DONN scientifique en acoustique à l'Université de Columbia précisa que ces explosions ne ressemblaient à rien de répertorié. Le 27 décembre 1977, le président CARTER exigea un rapport complet sur le sujet de savoir si cela avait une correspondance avec les expériences EM russes. L'on spécula sur le fait qu'il s'agissait d'une opération des Russes pour démoduler les ondes stationnaires de la côte atlantique.

Ce type d'explosion et d'éclair dans l'atmosphère peut être corrélé avec la théorie des tachyons, notamment la libération du potentiel énergétique, sous forme de photons, d'électrons arrachés des molécules et protons de l'atmosphère et de la haute atmosphère. Voir au chapitre 10 le schéma et le déroulement d'émission d'ondes, processus a2 – a3 – a4

---

[120] **Réchauffement climatique: le Jet-stream, dernière victime en date?**
http://www.lexpress.fr/actualite/sciences/rechauffement-climatique-le-jet-stream-derniere-victime-en-date_1649864.html#r7MTddACUfoH0JCp.99

Voici ce que relatait le New York Times du 23 décembre 1977

« Trois semaines de mystérieuses explosions ont eu lieu le long de la côte Est. Les scientifiques qui ont étudié le sujet s'accordent sur leur intensité et leur haute altitude. Les dernières ont été entendues vendredi matin en Caroline et dans la nuit mercredi sur la côte du New Jersey. Le Pentagone a nié toute connaissance des explosions, hormis celles des reportages de la presse, et a dit qu'on ne pouvait pas les expliquer.

Les micros barographes du Dr DONN ont enregistré de légères variations de la pression barométrique identiques à celles produites à la suite d'explosions nucléaires éloignées. Le modèle ou signature sonores de ces explosions au large ne ressemble pas du tout à de telles explosions, dit-il vendredi dans une interview téléphonique.

Il est clair que les événements se situaient haut dans l'atmosphère. Ils n'étaient pas assez proches de la surface de l'océan pour produire des ondes sismiques à travers la mer ni à travers la croûte terrestre.

Les stations de contrôle sismique de Caroline du Nord et de Nouvelle-Angleterre enregistrèrent les faits, mais seulement selon les caractéristiques des temps de propagation dans l'atmosphère. C'est-à-dire qu'ils répondaient à un effet des ondes de pression atmosphérique sur la terre, juste dans la proximité immédiate de chaque station.

Sur les vingt-cinq stations évoquées ci-dessus, et sous l'autorité de l'observatoire de l'Ouest au Collège de Boston, six d'entre elles situées dans le Sud de la Nouvelle-Angleterre ont ressenti les explosions. Dans chaque cas, selon le Dr Edward CHIBURIS de cet observatoire, le premier enregistrement a été fait par une station près de Danbury dans le Connecticut, une des stations les plus proches de la zone source, au large de la côte du Sud Jersey. Quelques cas ont été observés même en juillet dernier. »

E. CHIBURIS précisa *« D'une manière précise, ce ne sont pas des phénomènes naturels, dit-il vendredi, lors de l'interview téléphonique, seulement il ne peut imaginer aucune autre explication que des explosions sonores »*.

Des capteurs de mesure de variations dans le champ magnétique terrestre ont enregistré des changements localisés de ce champ (modulation superposée à très basse fréquence) coïncidant avec la constatation d'ondes stationnaires au large de la côte pacifique, dans une zone de 64 km de diamètre.

D'AUTRES ANOMALIES SONT RÉPERTORIÉES

Dans ce domaine de mesure, il faut noter que la région de Palmade en Californie, proche de la base militaire d'Edwards, est l'objet d'une anomalie de la gravité terrestre. Dans cette base on expérimente des prototypes aériens dépassant la vitesse de la lumière. Ils sont dotés d'une propulsion de force électromagnétique qui se rapporte aux lois de **l'anti gravité**[121] selon les travaux du physicien Burkhard HEIM relatifs à la conversion de l'électricité en énergie cinétique (proportionnelle à la masse, et au carré de la vitesse d'un corps), ou conversion de l'énergie EM en énergie gravitationnelle et inversement, sans perte de puissance, dont les effets d'accélération sont stupéfiants (OVNI).[122]

---

[121] **L'Antigravité un secret bien gardé**
http://www.zen-blogs.com/fr/antigravite.php
[122] **Ovni: Les conclusions de Donald Edward Keyhoe**

Voir aussi le schéma d'émission – réflexion - au chapitre 11. Notamment, le parcours des ondes scalaires en une succession de déphasages... L'extension EM scalaire est transformable en énergie de champ gravitationnel et inversement.

http://ovnis-ufo.org/article-ovni-les-conclusions-de-donald-edward-keyhoe-79268445.html

CHAPITRE 24

L'ANNULATION DE LA MASSE ET DE L'INERTIE OU L'ANTI GRAVITÉ

UN MOYEN POUR LE CARTEL DE FAIRE CROIRE AUX EXTRA-TERRESTRES POUR LA PARTIE FINALE DE SON PLAN

Le spectacle de la lévitation habilement mis en scène par les magiciens a fait rêver les petits et les grands. L'on conçoit l'anti gravité en arrangeant un espace dans lequel un corps, quelle que soit la matière dont il est composé, serait isolé de l'effet de la gravité, comme le ferait un ballon qui s'envolerait à perte de vue, sans se soumettre à l'attraction terrestre.

La compréhension de la physique ayant évolué, l'on comprend aujourd'hui que la force de gravitation est l'interaction physique, l'attraction réciproque de corps massifs, sous l'effet de leur masse. Ce qui retient au sol les créatures, produit les marées, l'orbite des planètes autour du soleil et la sphéricité de la plupart des corps célestes. À l'échelle microscopique, la gravitation est la plus faible des forces. Elle agit et domine au fur et à mesure que les échelles de grandeur augmentent. Par contre, la force électromagnétique est la seule à agir au-delà de la dimension du noyau atomique ; toujours active, elle domine sur les forces EM qui tendent à se compenser, du fait de leur nature alternativement attractive, répulsive.

L'ANTI GRAVITÉ ET L'ÉNERGIE DU VIDE, LES PREMIERS OVNI

Ces données ne sont pas nouvelles, en 1932 à l'université de Princeton, un groupe de recherche l'AIAS (American Institute for Advanced Science) institut américain de science avancée, s'est formé pour étudier l'anti gravité, la distorsion spatio-temporelle et l'énergie du vide. Le coordonnateur était John Von NEUMANN, mathématicien et physicien, parmi les membres, Nikola TESLA, Albert EINSTEIN et Townsend BROWN, physicien américain. Leurs travaux d'ordre théorique portaient sur la maîtrise de la gravitation.

Si cet institut existe encore et ne s'occupe aujourd'hui que de physique classique, par contre à l'issue de la Seconde Guerre mondiale, l'armée américaine fut très surprise de découvrir le niveau d'avancement technologique sur l'anti gravité. Elle entreprit aussitôt en secret de grands programmes de recherche en trois volets 1) sur l'effet Biedfeld-Brown (le spectre d'énergie lié à l'influence de l'électricité sur la gravité) 2) sur l'analyse technologique d'ovni qui étaient échoués 3) sur l'anti gravité, par suppression de champ magnétique. Depuis la fin de la Deuxième Guerre mondiale, de multiples apparitions d'objets volants non identifiés (OVNI) et de nombreux témoignages les certifiant vont obliger les pays développés à mettre en place des commissions chargées d'enquêter sur ce sujet délicat.

LES PRINCIPAUX TÉMOIGNAGES SUR LES OVNI

En 1946, la guerre vient de s'achever en Europe. Au cours d'un vol, pour la première fois, un engin circulaire est observé par un officier de l'US Air Force. Le Pentagone ordonne une enquête par les services du renseignement de l'armée de l'air, elle sera dirigée par le colonel Mc COY. Elle se voulait confidentielle, le public américain ne devait pas être informé, mais de nombreuses fuites vont compliquer la tâche de la commission d'enquête.

Nouveau-Mexique - USA : Lonnie ZAMORA est policier au deuxième district de Socorro. Le 24 avril 1964, vers 17 h 45, alors qu'il poursuit un véhicule en excès de vitesse, son regard est attiré par une lumière intense, comme une flamme, accompagnée d'un bruit sourd. Persuadé d'être le témoin d'un accident de la route, le policier se déroute vers le lieu où se trouvent le « véhicule » et ses occupants. En apercevant le policier, les deux individus remontent rapidement dans « *l'objet* » de forme ovale (ou **tubulaire**) émettant un grondement de plus en plus important avant de disparaître. Le 26 avril, le projet Blue Book s'empare de cet événement, Allan HYNEK est détaché sur l'affaire. Plusieurs témoignages seront enregistrés faisant état d'un « *objet volant en forme de ballon de rugby* ». Après l'annonce de vérifications sur les activités militaires présentes dans la zone, le projet Blue Book et la commission CONDON classeront l'affaire comme « *non identifiée* ».

Valensole, Alpes-de-Haute-Provence - **France**. Maurice MASSE est producteur de lavande. Depuis plusieurs jours, Maurice et son père ont remarqué plusieurs dégradations sur les plantations. Le 1er juillet 1965, il est environ 6 heures du matin, alors qu'il s'apprête à démarrer son tracteur, il entend comme un sifflement proche de son champ. Il aperçoit en son milieu un engin ressemblant « *à une Dauphine renversée* » (ancien modèle de voiture de marque Renault). Au pied de l'appareil, il voit deux petits êtres accroupis. Intrigué, MASSE s'approche à quelques mètres des étranges visiteurs, ceux-ci en le voyant semblent continuer à communiquer entre eux quelques minutes, puis ils reprennent place dans leur machine et disparaissent en un éclair. Le cultivateur pétrifié restera immobile comme pétrifié une quinzaine minutes après leur départ.

Associant deux Êtres de type humanoïde et surtout incluant la même forme du vaisseau spatial, ces deux affaires éloignées d'à peine une année se ressemblent étrangement. Les deux témoins directs, Lonnie ZAMORA et Maurice MASSE décriront celui-ci comme ressemblant à une voiture renversée. L'agent ZAMORA dessinera même un symbole qui figurait sur la structure du bolide.

LE SCÉNARIO DU VRAI FAUX ALIEN

1977, c'est **l'affaire ROSWELL, au Nouveau-Mexique**. Celle qui va faire l'effet d'une bombe, lorsque le lieutenant-colonel Jesse MARCEL va avouer à des journalistes que les déclarations descriptives faites lors de la découverte de débris dans un ranch près de ROSWELL au Nouveau-Mexique en 1947 avaient été dictées par l'US Air Force. La version officielle dont les déclarations se contredisaient laissait planer un doute sur l'affaire. Les projets Sign, Grudge et Blue Book étaient à l'origine de cette confusion entretenue ! En 1990, une Commission d'enquête a été ouverte sur le cas ROSWELL, mais là encore le système d'information et de désinformation utilisé par l'armée US a rendu les investigations impossibles ! En 1995, au cours d'une parodie d'autopsie, l'on a exposé un cadavre supposé être un Alien dépecé, mais il fut impossible de prouver qu'il s'agissait d'un faux !

L'ON A TOUJOURS ENTRETENU LE DOUTE SUR L'EXISTENCE D'OVNI ET D'EXTRATERRESTRES

60 ans plus tard, le masque de cette affaire n'est qu'à peine fissuré et le secret du crash de ROSWELL tient toujours, tout ce que l'on a caché reste bien protégé. Les autorités militaires ont semble-t-il réussi à entretenir le floue sur l'origine des OVNIS, en niant leur existence, tout en laissant supposer en arrière-plan à une activité extra-terrestre. Est-ce que les restes supposés de l'OVNI et de ses passagers se trouvent toujours dans la Zone militaire 51 du Nevada, dans l'État du Colorado ? Le doute persiste encore, car en novembre 2010, la population de Denver, Colorado, doit se prononcer sur l'utilité de la création d'une Commission des affaires extra-terrestres. Si elle voit le jour, elle sera composée de sept membres et uniquement financée par des fonds privés. Pour se différencier des Commissions antérieures, les travaux seront rendus publics et mis en ligne sur le site internet de la municipalité de Denver.

LES CONTRADICTIONS RELATIVES AUX PRINCIPALES ENQUÊTES, AUX ÉTATS-UNIS ET EN EUROPE

Le Projet Sign : la plus sérieuse des investigations américaines. À la suite d'une nouvelle vague d'OVNI, dont le cas Kenneth ARNOLD, d'où l'appellation « *soucoupes volantes* » employée pour la première fois par la presse américaine, l'US Air Force décide de créer une première étude dite scientifique sur les cas d'observations d'OVNI aux États-Unis. Le projet Sign sera mis en place sur la base aérienne de Wright-Patterson dans l'Ohio, en décembre 1947. Parmi les consultants scientifiques, l'astronome américain Allan HYNEK.

De très nombreux cas ont été étudiés par l'équipe Sign et certains sceptiques du départ commencèrent à se poser des questions sur les possibilités de phénomènes troublants supposés d'origine non terrestre. Le rapport " *Estimation de la situation* " va être établi par ces membres, précipitant du même coup la dissolution du projet Sign en décembre 1948.

Le projet Grudje : après la cacophonie du projet Sign, une étude est mise en place elle sera dirigée par le général CABELL entre 1949 et 1952. Il s'agit cette fois d'étouffer les témoignages recueillis jusque-là. On forme des groupes d'experts chargés du « *debunkings* », du dénigrement des témoignages en y opposant des explications rationnelles. Finalement, suite à son impopularité croissante à cause du déni du phénomène OVNI, la commission Grudge est mise en sommeil. Elle sera réactivée en 1951 et remplacée dès 1952 par le projet Blue Book.

Le projet Blue Book : c'est la Commission qui durera le plus longtemps puisque ces travaux se poursuivront jusqu'en 1970. C'était une section d'étude et d'investigation composée de consultants civils. Elle sera tout aussi impopulaire que les précédentes puisqu'elle voulait conclure en l'inexistence du phénomène OVNI. Mais cette fois, un certain nombre de scientifiques affiliés au projet, dont Allan HYNEK (1910 - 1986), l'astrologue américain associé aux trois projets précédents, font connaître leur désaccord à la position de l'US Air Force. HYNEK, après avoir longtemps été un acteur de la désinformation sera un des leaders scientifiques qui incitera le gouvernement américain à ouvrir une enquête sur les conclusions du projet Blue Book. En 1973, il crée le Center for UFO Studies (CUFOS). C'est à lui que l'on doit la classification des observations d'OVNI :

➢ Lumières nocturnes (NL)

➢ Disques diurnes (DD)

➢ Radar optique (RV)

➢ Rencontre rapprochée du 1er type (RR1)

> Rencontre rapprochée du 2e type (RR2)
> Rencontre rapprochée du 3e type (RR3)

Devant ce nouvel affront, le gouvernement commandera un dernier rapport sur le projet Blue Book, l'objet de longues tractations entre l'Université du Colorado et l'armée américaine, c'est à l'issue desquelles le docteur CONDON remettra aux autorités fédérales un compte rendu final confirmant une fois de plus que les OVNIS n'existent pas !

Pour en finir avec cette vaste mascarade. L'ancien astronaute Edgar MITCHELL déclara :

Ω - « *les engins spatiaux qui survolent notre planète ne sont pas le fait de voyageurs venus du fin fond de l'espace, mais sont des OVNIS militaires terrestres, c'est-à-dire que* **certaines organisations occultes ont bénéficié à un moment de la technologie extra-terrestre et l'on mise en application sur Terre**».

En Europe : beaucoup de pilotes civils et militaires ont été également en présence de phénomènes inexplicables, mais la loi du silence restera de rigueur... À partir de 1977, les enquêtes officielles liées au phénomène OVNI seront confiées au GEPAN (Groupe d'étude des phénomènes aéronautiques non identifiés), sous l'égide du CNES (Centre National d'Études Spatiales).

En 1988, il sera remplacé par le SEPRA (Service d'expertise des phénomènes de rentrée atmosphérique) dirigé par Jean-Jacques VELASCO, dont l'une des tâches jusqu'en 2000 sera d'étudier les rentrées dans l'atmosphère de météores et de satellites artificiels. En 2000, ce service changera de nom (Service d'expertise des phénomènes pares aérospatiaux) et ne s'occupera plus que de phénomènes aérospatiaux non identifiés – PAN – classés en 4 catégories (A, B, C et D).

En 2005, le SEPRA sera remplacé par le GEIPAN (groupe d'étude et d'informations sur les phénomènes aérospatiaux non identifiés). Parmi les noms français qui ont marqué l'ufologie, il y a Jacques VALLEE. Cet informaticien français a rejoint le projet Blue Book dans les années 1960. Il y rencontra celui qui deviendra son ami, Allen HYNEK, et fondera avec lui " *le Collège invisible* " basé sur la possibilité d'existence d'univers parallèles.

DE LA SCIENCE-FICTION À LA RÉALITÉ, L'INFLUENCE DU MYTHE EXTRA-TERRESTRE

Beaucoup de gens estiment que l'ufologie est une science utile, car selon eux il existe d'autres mondes animés d'Êtres supra intelligents. Qu'ils nous observent, prêts à nous attaquer où à nous aider. Une autre partie de la population mondiale considère que les observations d'OVNI et les rencontres rapprochées de type 1, 2 ou 3 sont seulement de l'ordre du scénario de science-fiction. Ou du produit d'un imaginaire fertile, d'un mirage collectif, d'un canular. Ces points de vue partagés rejoignent en partie l'avis de scientifiques spécialisés en astronomie. Parmi eux Donald MENZEL et Carl SAGAN fondateur du programme SETI (Search for Extra Terrestrial Intelligence), pour ce dernier les extra-terrestres existent, mais n'ont pas la technologie pour venir jusqu'à nous. Pour nombre de scientifiques, ils sont parmi nous depuis la nuit des temps... Ils seraient aussi à l'origine de notre planète, de nos religions.

LA TOILE DE FOND POUR FAIRE CROIRE À UNE FUTURE ATTAQUE EXTRATERRESTRE

On retrouve d'ailleurs dans toutes les religions présentes sur la planète Terre un rapport direct entre les hommes et " *ceux qui viennent du ciel* ". Comme si l'essence de l'existence provenait des étoiles elles-mêmes ! Voilà comment d'une façon et d'une autre le cartel des esprits supérieurs a entretenu l'ambiguïté sur ce sujet connu de tout un chacun. Leur objectif consistait à poser la toile de fond permettant le jour venu de faire croire au plus grand nombre à une attaque massive provenant de l'espace.

La mascarade et la confusion continuent en Europe avec la Commission 3AF-SIGMA. Après les enquêtes successives du GEIPAN (1977) – du SEPRA (2005) – en 2010, c'est au tour de la Commission militaire 3AF-SIGMA incluant Arianespace – Air France – Dassault -Aviation – Eurocopter – Sagem et divers services du renseignement militaire et industriel d'intervenir. Elle comprend plus de 1000 ingénieurs, scientifiques, chercheurs, mobilisés pour investiguer sur ces véhicules spatiaux utilisant une forme de sustentation, dotés de performances incomparables à toutes technologies terrestres, capables de violer les espaces aériens les mieux contrôlés et défendus au monde.

LES PREUVES DE L'ORIGINE TERRESTRE D'OVNI SONT TOUTES OCCULTÉES

Depuis le 19ᵉ siècle nombre de technologies antigravitiques dûment brevetées, mais non déclassifiées, confirment la capacité de produire des engins à sustentation. En 1920, la soucoupe de SCHAUBERGER faisait usage d'un vortex par orientation axio-gyroscopique de molécules d'air permettant la dégravitation. En 1935, Henry BULL déplaçait verticalement une sphère par propulsion inertielle.

Entre 1924 et 1945 : l'Allemagne programme la mise au point de génératrices surnuméraires et d'engins dégravifiques, sur la base des travaux de SCHAUBERGER. Ce furent les fameuses armes secrètes d'HITLER. Cependant, l'usage de vortex à base de vapeur de mercure posa des difficultés pour un armement embarqué. Le contexte tendu et restrictif de la guerre ne permit pas leur industrialisation militaire à grande échelle. Toutefois, ces réalisations furent récupérées par les Américains et les Russes. Aujourd'hui, elles ne sont toujours pas déclassifiées !

De 1940 à 1971 : Citons les brevets US 03626605 – US 03626606 – US 038223570 d'Henry WALLACE, relatifs à des systèmes à impulsion inertielle gyroscopique contre gravifique. Ils avaient pour objectif d'être embarqués afin d'alléger considérablement la masse des chars de combat – brevet US 2.371.368. Mais, le Pentagone en refusa l'application, car la technologie trop avancée aurait impliqué de lever le voile sur des projets déjà tenus secrets à cette époque.

En 1947 : John SEARL à peine âgé de 14 ans conçoit un générateur magnéto-électrostatique selon les principes de Gaston PLANTE. Lorsque cet appareil fut soumis à une tension supérieure à 1,4 million de volts par centimètre linéaire, il fut surpris de le voir décoller arrachant tout sur son passage. SEARL développa donc un IGV (inverse gravitic vehicule) qu'il mettra régulièrement en orbite sur une période de dix ans au cours des années 1960. Ce petit engin civil aurait pu aisément atteindre la Lune en 11 minutes selon l'étude d'un physicien japonais. Les travaux de SEARL furent inspectés par l'armée britannique qui organisa des démonstrations devant de hautes personnalités de l'armée américaine. Ultérieurement, un brevet international n° WO 2006/054973 A1 fut déposé par les scientifiques Vladimir ROSCHIN et Sergi GODIN, suite aux essais de prototype réalisés en Suisse, validant à leur avantage tous les travaux de SEARL.

En 1947 : L'effet Bielfield BROWN sous brevet US 02949550 permettant de concevoir des lifters – voir l'animation-vidéo[123] : sur de fines surfaces métalliques, sous l'effet de forts voltages, ne fut pas considéré comme un jeu, car actuellement un groupe

---

[123] **Re: LIFTER TECHNOLOGY: Demonstration & Explaination**
https://www.youtube.com/watch?v=KLXkwxhScj8

d'étude, The LIPFORT, envisage d'utiliser cette technique pour satelliser du matériel.

En 1958 : Sur la base du brevet US 02912244, Otis T'CARR, ancien membre de la NASA, réalise plusieurs prototypes opérationnels d'engins volants en propulsion inertielle gyroscopique contre- gravitique. Désireux de créer aux États-Unis une entreprise transaméricaine utilisant ce nouveau type de transport futuriste, cependant il en fut rapidement dissuadé.

En 1961 : Le Français Marcel PAGÈS dépose le brevet 1.253.902 N814.855 se rapportant à un engin dégravifique dont les principes sont parfaitement vérifiables aujourd'hui. Selon lesquels l'électron d'un atome maintenu sur son orbite à 75 000 km/s permet de faire dégraviter cet atome (souvenez-vous de l'exemple de la lampe d'Aladin au chapitre 15).

1970 : Première démonstration de l'effet Hutchinson, de très basses fréquences appliquées localement font littéralement dégraviter des objets, cela devant des docteurs en physique, mais sans qu'aucun d'eux ne puisse trouver la moindre explication à ce phénomène.

1980 : Citons le Brevet GB 2.090. 404A de Geoffroy COLIN RUSSEL sur un système à propulsion gyroscopique. La même année, le Brevet US 04238968 de Robert COOK sur les champs antigravitiques.

1987 : le Brevet GB 2.209.832A d'Harold ASPEN sur une soucoupe lévitative à propulsion gyroscopique.

1989 : le Brevet WO 91/02155 de Delroy MORTIMER sur un système de propulsion gyroscopique.

1990 : le Brevet US 4.891.600 de James COX sur un engin antigravitique.

1997 : le Brevet US 05685196 sur modules antigravitiques à inertie gyroscopique de 2005 ; le Brevet US 6960975B1 de Boris VOLFSON sur un engin cosmique, empruntant sans le dire les travaux de PAGÈS de 1961.

LES MILLIERS D'EXPÉRIENCES MILITAIRES PROBANTES SONT TOUTES TENUES DANS LE PLUS GRAND SECRET

Toutes ces inventions et bien d'autres encore relèvent du domaine civil et sont accessibles parce que répertoriées, mais que dire des brevets militaires déposés depuis près d'un siècle, quel en est le nombre 1000, 10 000 ? Où sont développées les technologies correspondantes ? Au fil des dernières décennies, elles ont été parfaitement mises au point dans des bases secrètes. Elles sont à la disposition des instances du nouvel Ordre mondial. Le moment venu, lors de son inauguration, les maîtres occultes décideront si nécessaire de les mettre en œuvre **pour simuler une invasion extra-terrestre massive et redoutablement périlleuse pour toute l'humanité**.

Le stratagème consistera alors à emporter l'adhésion de la grande multitude à l'inauguration d'un nouveau gouvernement du monde, en démontrant sa volonté politique et sa capacité technologique à contrer et à repousser de façon tout aussi spectaculaire cette attaque contrefaite venue du fin fond du cosmos. Inutile donc de vous focaliser sur toutes les histoires se rapportant aux engins supposés être d'origine extragalactique, se déplaçant à MAC 10 au-dessus de vos têtes. Elles ont été entretenues jusque-là, car les hauts dirigeants militaires et les civils américains, européens, à la tête de chacune des commissions d'enquête ont subi l'influence de réseaux occultes. Ces pseudo institutions ont été instrumentalisées seulement pour semer et entretenir le doute afin d'amplifier la peur de ce mythe, jusqu'à l'application possible de cet artifice, de cette machination.

Pour conclure, il faut citer les paroles du célèbre savant Werner Von BRAUN, concepteur de la fusée géante Saturn V pour le programme Apollo de 1961. Directeur du Centre de vol spatial MARSHALL de l'agence Huntsville en Alabama en 1958, il participa aux programmes de vols habités Mercury et Gemini. En 1970, il devint administrateur adjoint de la Nasa. Le 16 juin 1977, sur son lit de mort, en visionnaire il énonça cette phrase :

Ω - *« Ils utiliseront la mise en scène du terrorisme, puis du risque cosmique* (invasion d'extra-terrestres) *pour circonvenir* (abuser) *l'humanité et la réduire à l'Ordre nouveau qu'ils ont préparé via l'ONU et un gouvernement mondial sur mesure ».*

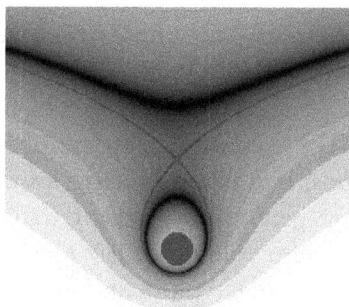

LA TECHNOLOGIE OVNI DU 3ᴱ TYPE QUI A TOUJOURS ÉTÉ DISSIMULÉE

Avant d'entamer une explication plus technique, plus ardue et néanmoins nécessaire à prouver la planification de technologies très sournoises, très dangereuses visant à manipuler, corrompre et déstabiliser les habitants et la planète Terre, **il est plus aisé de commencer par un descriptif général des technologies OVNI existantes, en utilisant ce lien :**

http://www.esoterisme-exp.com/Section_etoile/ovnis_tous_3/pour3.php#2

COMMENT ANNULER LA MASSE D'UN CORPS, PAR EXEMPLE CELLE D'UN OVNI ?

L'annulation de la masse et de l'inertie d'un corps nommée anti gravité s'explique par l'annulation de la pression d'onde des oscillations élastoniques du " *Vide* " sur ce corps. À l'exclusion près de l'inertie du milieu gazeux, les élastons du " *Vide* " réagissent comme les molécules d'un gaz parfait, l'on peut ainsi faire une analogie entre l'aérodynamisme qui relève de la mécanique des fluides et ce que l'on appelle ici l'élastodynamique ou dynamique du " *Vide* ".

Deux principaux moyens sont utilisés pour réduire la pression d'un gaz dans lequel évolue un corps

1 : L'effet **MAGNUS**[124] consiste à mettre un corps en rotation. Si le gaz est au repos, la rotation accélère les molécules d'air à la surface du corps et génère un gradient (taux de variation) de pression dans ce gaz. Le volume de gaz soumis à ce gradient ou couche limite se répartit en plusieurs strates de molécules de vitesse et de pression variables. Pour imager, les molécules de gaz proches de la surface du corps sont moins compressées, car d'action plus rapide que celles les plus éloignées de la même surface, donc d'action plus lente. La dépression des molécules les plus rapides est consécutive à la loi de conservation de l'énergie, laquelle impose une relation constante entre vitesse et pression afin de conserver l'énergie totale du processus. Une strate de « *Vide* » ou de moindres pressions est ainsi créée autour d'un corps axisymétrique (cylindrique ou sphérique) en état de rotation. Plus le corps tourne vite plus la pression diminue dans la strate ou couche limite, il s'agit donc d'un processus de dépression dynamique.

---

[124] **Effet Magnus**
http://www.techno-science.net/?onglet=glossaire&definition=5113

2 : La méthode de dépression « *statique* » avec laquelle il est possible de faire osciller les molécules d'un gaz selon une fréquence choisie par le moyen d'un oscillateur électromagnétique (ondes radio ou lumière) ou mécanique (ondes sonores). Imaginer que l'on produise une oscillation sur des molécules d'eau à la surface d'un lac. Dans ce cas, l'oscillateur serait un piston qui frapperait l'eau à rythme régulier et en position verticale. Chaque coup (impact) du piston crée un cercle dans l'eau ou vague circulaire en phase d'expansion. La succession à intervalles réguliers des impacts de la source (le piston) crée une succession de vagues concentriques dont la distance (la longueur d'onde) suivant le rayon séparant le sommet de deux vagues est toujours la même.

Ce niveau de distance matérialise l'intervalle de temps qui sépare deux impacts (impulsions) du piston frappant l'eau. Si l'on place un deuxième piston à quelques mètres du premier frappant l'eau simultanément au premier, l'on remarque que dans l'espace entre les deux sources d'oscillation, les vagues de la deuxième source se superposent aux points d'intersection avec les vagues générées par la première source, exactement comme sur l'image. Les deux vagues superposées se fondent alors en une vague plus haute aux points d'intersection, cet effet est nommé phase additive de deux ondes.

À noter qu'entre les deux sources d'oscillation, les vagues se propageant en direction opposée annulent leur impulsion (mouvement) et s'immobilisent en formant une onde stationnaire appelée aussi onde scalaire. En dehors de l'espace, qui est délimité par les deux sources, les ondes bien qu'en phase demeurent propagatrices. Voir aussi le chapitre 16 – l'espace-temps : 2ᵉ paragraphe – si l'on jette des cailloux....

Mais si l'on modifie l'adaptation initiale qui comprenait plusieurs pistions frappant l'eau simultanément au rythme d'un coup par seconde, cette fois en réglant différemment un des pistons, le décalant des autres d'une demi-seconde, alors les vagues d'une des sources seront décalées d'une demi-longueur d'onde par rapport aux vagues synchrones de l'autre source. Aux points d'intersection, les sommets des vagues d'une source se superposeront alors aux creux des vagues de l'autre source. Dès lors, creux et sommets de vagues s'annulent en leur point d'intersection, à cet endroit l'eau devient plate, calme, sans aucune forme de vague, on dit alors de ces ondes, *imagées par les vagues d'eau,* de ces deux sources qu'elles sont en phase soustractive.

C'est alors une surface plate, sans aucune forme de vague devenue une « section » d'un volume (ou d'une surface courbe) de vide dans un fluide. Dont seule la surface d'intersection équidistante des deux sources (dissemblables) aura la pression la plus faible. Les autres surfaces d'intersection sont l'objet d'une pression croissante, mais seulement à proximité de leurs sources respectives.

C'est en créant une surface ou un volume de dépression des élastons[125] du "*vide* " par l'un des deux moyens décrits plus haut (**1** ou **2**) qu'il est possible d'annuler la masse et l'inertie d'un corps. Le seuil de masse nulle et d'inertie nulle sera atteint

---

[125] Les élastons – élastonique - ne sont pas des particules précises mais un mode collectif d'interaction, l'action simultanée d'un certain nombre d'interactions entre particules. Ils interviennent dans une interaction forte quand il s'agit de mettre en œuvre des énergies d'interaction plus faibles.

lorsque la fréquence des élastons du volume en phase dépressionnaire entourant le corps a suffisamment baissé. Ce qui revient à augmenter la longueur d'onde des élastons en se calant sur une longueur d'onde égale au plus grand diamètre (s'il s'agit d'une soucoupe ; ou à la plus grande longueur s'il s'agit d'une forme tubulaire) du corps dont on a prévu d'annuler la masse et l'inertie.

Paramétrage de la dynamique de dépression du vide. La fréquence de rotation (nombre de tours par seconde) d'un champ magnétique doit être un sous-multiple de la fréquence de résonnance des élastons dans ce champ. L'effet peut être amplifié par la mise en rotation de deux champs magnétiques superposés tournant en sens inverse (contrarotatifs) – un procédé qui présente l'avantage de supprimer le couple de rotation du champ (charge, masse à entraîner, distances des masses / axe de rotation, vitesses et accélérations…).

Il est aussi possible de générer une dépression élastonique mixte à la fois dynamique et statique. Si les deux champs magnétiques et contrarotatifs ne tournent pas à la même vitesse (*n'ont pas la même fréquence*) ils génèrent entre les deux champs superposés d'ondes stationnaires une fréquence de battement consécutive à la rupture par torsion des champs. Si les fréquences d'ondes dynamiques des champs tournants et la fréquence du champ de torsion stationnaire sont accordées avec les élastons entourant le corps, le système antigravitationnel sera alors plus encore performant. Ce champ statique, crée entre les deux champs tournants, est appelé zone de rupture de champ magnétique (Magnetic Field Disruption MFD).

Types de production des champs magnétiques, les champs magnétiques en rotation peuvent être obtenus différemment :

- La plus simple consiste à faire tourner un champ électrostatique en mettant en rotation mécanique le condensateur générant cette charge électrostatique. Une variante consiste à créer la charge électrostatique dans une tornade gazeuse en rotation.

- Une technique plus complexe consiste à faire tourner mécaniquement un puissant électro-aimant à bobinage (classique). Une variante consiste à mettre en rotation une tornade de vapeur de mercure, en induisant un courant électrique dans le mercure avec des ondes radio (photons de basse fréquence) la tornade devient alors un puissant électro-aimant tournant.

- Ou encore, l'on peut mettre en rotation un ou plusieurs aimants permanents conducteurs. Optant pour une technique statique de dépression du " *Vide* " on fera osciller des élastons en phase soustractive (oscillation photonique) dans une cavité de résonnance accordée. Ces oscillations photoniques pouvant être de basse fréquence, ondes radio, ou de haute fréquence : lumière visible ou rayons X et Gamma, la cavité résonante pouvant être " *virtuelle* " ou " *réelle* " (matérielle). Une cavité virtuelle est créée par deux antennes, ou toute autre source phonique accordée, dont les faisceaux d'ondes vont converger en un point distant donné. La modulation des antennes est telle que leurs ondes créent un volume d'ondes en phase soustractive, accordées à la fréquence élastonique locale, au point de convergence. Un volume d'anti gravité est créé en ce point, tout corps s'y trouvant perdant alors sa masse et son inertie. Le point de convergence des sources (des antennes) peut être déplacé sans contrainte, permettant simultanément de déplacer un corps à distance dans un faisceau antigravitationnel.

COMMENT ÉLABORER LA STRUCTURE D'UN VAISSEAU SPATIAL

Côté structure : il faut créer une cavité réelle en entourant un corps d'une double coque réfléchissante, de forme quelconque à condition d'être toujours courbe, par exemple une sphère, un cylindre, une lentille, avec un espacement constant $\rightrightarrows$ au niveau de l'espace existant entre la coque intérieure et la coque extérieure afin de former une cavité résonnante dont les coques sont les miroirs. Les deux sources oscillantes (antennes ou sources de lumière cohérente) sont placées en deux points opposés par exemple au sommet et en bas de la cavité. **Côté annulation de la masse, de l'inertie :** cela provient du fait de la cavité de la structure, les deux sources créent ainsi un champ d'ondes stationnaires accordées, en phase soustractive, à la fréquence locale des élastons. Il est aussi possible de n'utiliser qu'une seule source, en un seul point de la cavité, les ondes alors se superposent naturellement en se rencontrant après avoir fait le tour de la cavité formant guide d'onde. Un léger décalage cyclique de la fréquence de la source (*imagé plus haut par les pistions frappant à la surface d'un lac de façon décalée*) permettant de contrôler le déphasage d'une demi-longueur d'onde.

COMMENT ASSURER LA PROPULSION D'UN OVNI ?

Les procédés de dépression élastonique précédemment décrits, dynamiques et statiques, annulent la masse et l'inertie, mais n'assurent pas la propulsion. Pour créer un ou plusieurs vecteurs de poussée, il faut supprimer localement la dépression des élastons autour du véhicule. Cela peut être fait en émettant un faisceau local d'ondes en phase additive dans le champ de dépression élastonique (ou à l'extérieur). Ces ondes se propagent dans une direction opposée à la direction de propulsion souhaitée. Il s'agit d'une méthode dynamique de surpression élastonique.

On peut aussi utiliser un condensateur électrostatique (condensateur plat ou sphère « Van De Graaf » par exemple) qui créera un champ local de surpression élastonique. Il s'agira alors d'une méthode statique de surpression élastonique. Un minimum de trois sources (placées sous le véhicule) est nécessaire pour propulser et orienter le véhicule sur tous les axes. Bien entendu, un grand nombre de géométries différentes sont envisageables pour un véhicule antigravitationnel, cependant elles reposent toutes sur les principes que nous venons d'exposer.

Si un volume de dépression du vide (champ antigravitationnel) est créé autour d'un corps près d'une masse, par exemple cette planète, le champ et la Terre forment une cavité résonnante. Les phases additives apparaissant entre la surface du champ de dépression élastonique et le sol créent un volume de surpression des élastons à cet endroit. Cela entraîne des phénomènes complexes d'ionisation des atomes de l'air et d'importantes émissions électromagnétiques. Aussi pour effet de repousser le corps en anti gravité, si ce dernier ne compense pas cette surpression en étendant son champ de dépression élastonique jusqu'au sol. La cavité résonante véhicule-sol variera en permanence avec l'altitude, la vitesse et les régimes ondulatoires du champ antigravitationnel du véhicule. Cela montre l'extrême complexité de pilotage d'un véhicule antigravitationnel.

Il est à noter que le régime de pression élastonique existant autour du véhicule (par exemple entre le véhicule et le sol) induit une distorsion de l'espace-temps. Si une personne se trouve dans le champ de dépression du " *vide* " d'un véhicule, le temps s'écoulera plus lentement pour elle que pour un observateur hors du champ. En sortant du champ, cette personne verra sa montre retarder par rapport à celle d'un observateur extérieur au champ. Cette personne aura vécu une expérience de temps manquant (missing time).

À l'inverse, si le sujet se trouve dans une zone de surpression élastonique, existant autour du champ antigravitationnel, il vivra une expérience de temps accéléré. Il aura par exemple passé vingt minutes dans le champ, alors que pour un observateur extérieur il n'y aura séjourné que quelques secondes. Les gradients de pression élastonique autour du véhicule agissent un peu comme les lentilles gravitationnelles à l'échelle cosmologique. Selon la vitesse et l'intensité de formation d'un champ élastonique dépressionnaire, le véhicule pourra devenir flou, transparent ou même rapetisser jusqu'à disparaître en un point. Des processus inverses pouvant aussi se produire.

L'UTILISATION DE L'ÉNERGIE LIBRE, UNIVERSELLE, SE CONFIRME POUR LES OVNIS

S'il faut un apport d'énergie pour amorcer le champ de dépression du « *vide* », aucun apport d'énergie n'est nécessaire ensuite. En effet, les élastons, à la pression nominale du « *vide* » local entourant le champ dépressionnaire, tendent à « *remplir* » en permanence le volume de dépression élastonique du champ antigravitationnel. Ceci crée un flux d'énergie, sous forme d'oscillations élastoniques, qui alimentent par induction le système de génération du champ antigravitationnel. Ce flux d'énergie étant toujours égal à l'énergie dépensée pour créer le champ dépressionnaire, plus on augmente la dépression plus celle-ci « *pompe* » d'énergie dans le « *vide* » environnant – Principe de l'énergie libre, voir au premier chapitre : La force électromagnétique et notamment les propos de TESLA : « *Avant longtemps, nos machines* (incluant la composante électrostatique, magnétique, le facteur temps, sur la base d'un appareillage rotatif relativement simple) *seront alimentées par une énergie disponible en tout point de l'univers* ».

Ceci a aussi pour conséquence que plus l'on accélère, plus les élastons, en pression croissante, restituent leur énergie à notre champ antigravitationnel. Ce dernier étant en dépression croissante en amont du véhicule et en surpression croissante en aval. Ce gradient dépressionnaire, croissant avec la vitesse et l'accélération, empêche toute formation d'onde de choc à la vitesse de la lumière et nous permet de la dépasser sans violer la constante « c ». Cette vitesse supra luminique est aussi appelée vitesse tachyonique.

Le franchissement du mur de PLANCK[126] en faisant abstraction de la théorie du bing Bang. Voir la remise en cause de la relativité générale et du Bing Bang, au chapitre 15.

L'on franchit le mur de PLANCK, lui-même limite de la vitesse de la lumière et de la contraction de LORENTZ, en remplaçant une pression élastonique croissant avec l'accélération par une dépression croissante. La vitesse acquise, sans être infinie, tend vers l'infini et le temps dans le véhicule est tellement contracté que le voyage paraît instantané. Contrairement à ce qui se produirait si la masse et l'inertie n'étaient pas annulées, le temps ne se dilate pas dans le vaisseau, comme le décrit justement la relativité générale, mais au contraire se contracte, comme le prédit déjà la théorie des tachyons.

Malheureusement, la vitesse tachyonique impose un déplacement rectiligne et interdit toute perception du monde « physique extérieur ». C'est à dire des quanta d'espace-temps dont l'impulsion fondamentale est à la longueur de PLANCK. Pour ne pas désintégrer le véhicule sur un obstacle, obligation est faite de voyager par bonds tachyoniques limités, après s'être assuré qu'aucun obstacle d'une masse supérieure à celle du véhicule ne se trouve sur le trajet. Si la masse d'un obstacle est inférieure à celle du véhicule, le champ antigravitationnel l'écartera instantanément. Donc, même à vitesse tachyonique, un voyage interstellaire peut prendre plusieurs mois ou années.

TECHNICITÉ EN RAPPORT AVEC L'ATTAQUE EXTRATERRESTRE DU PROJET BLUE BEAM

Il était nécessaire de développer ces arguments techniques pour prouver nos dires, car il existe une technologie de l'anti gravité

---

[126] **Théorie de Planck**
https://www.youtube.com/watch?v=ax41csvag-g

appliquée à des vaisseaux spatiaux opérant facilement dans l'atmosphère de la planète Terre. D'autant plus qu'il est prévu d'utiliser cette technologie cachée pour leurrer la grande multitude des gens en lui faisant croire à une invasion d'extra-terrestres.

Tous les moyens d'hyper-technicité basés sur l'annulation de la masse sont donc réunis et rendus opérationnels. Ils permettront d'ici peu aux esprits supérieurs d'appliquer avec succès la partie du plan Blue Beam portant sur l'apparition effrayante et angoissante de vaisseaux extra-terrestres (voir le chapitre 22). Depuis plusieurs décennies, d'autres moyens technologiques, pareillement ignorés du plus grand public, sont utilisés sournoisement pour agir à des fins géostratégiques et destructrices. Leur utilisation répétée porte atteinte non seulement aux populations, mais aussi à l'équilibre de la masse terrestre,[127] c'est l'objet du chapitre suivant.

---

[127] **Le séisme au Chili devrait avoir légèrement raccourci la durée du jour**
http://www.notre-planete.info/actualites/actu_2294_seisme_Chili_duree_jour.php

CHAPITRE 25

POTENTIEL À PROVOQUER UN TREMBLEMENT DE TERRE PAR HAARP ET AUTRES PROCÉDÉS

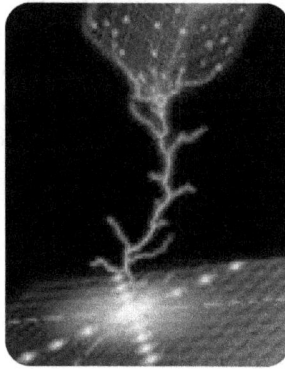

Complément du Chapitre 14

Puissance réelle du complexe HAARP. En 2009, la troisième étape de montée en puissance du dispositif est franchie. Actuellement, elle est de 3,6 millions de watts, concentrée en un faisceau de 1 milliard de watts, dans une gamme de hautes fréquences HF de 2,8 à 10 Mégahertz (2 à 10 milliards Hertz).

À l'image du boomerang, cette émission HF émise depuis le sol de l'ordre d'un milliard de watts est hyper amplifiée au niveau de l'ionosphère, jusqu'à mille fois plus de puissance finale au contact dynamique (plasma) des couches supérieures de l'ionosphère, la puissance s'exprime alors en térawatts – 10^{12}. L'énergie dans la plage d'extrême basse fréquence SLF, VHF, acquise en phase de réflexion vers la Terre, les océans, l'espace, devient alors phénoménale. Cette puissance prodigieuse une fois réfléchie et orientée sur les plaques tectoniques d'une région de la planète produit un effet vibratoire suffisant pour déclencher un tremblement de terre de moyenne à très forte amplitude.

Le 1er octobre 2010, le Congrès américain a officiellement doté HAARP d'un budget de 10 millions de dollars, lui allouant annuellement cette somme jusqu'en 2014, en adoptant une loi autorisant la recherche et le développement de technologies de contrôle du climat planétaire. Cette officialisation ne se rapporte qu'à la partie connue, la vitrine des installations d'Alaska (voir le chapitre 14). Malgré le viol des conventions internationales que constituent de telles armes (Convention ENMOD de 1978, signée par les États-Unis en 1979 – voir le chapitre 24), l'Amérique de BUSCH à OBAMA, placée sous l'influence du CFR et de la gouvernance occulte, persiste dans le domaine des applications de modification climatologique. À ce jour, aucune suite connue n'a été donnée à la demande d'enquête officielle sur HAARP émise par la communauté européenne en 1999 et 2004.[128]

Point clé. Le 28 avril 1997, à l'Université de Géorgie, lors de la conférence ayant pour thème «*Armes de destruction massive et stratégie américaine*» un thème consacré au contre-terrorisme qu'organisait le sénateur Sam NUNN, à cette occasion William COHEN, Secrétaire à la Défense, déclara :

Ω «*D'autres terroristes sont engagés dans un type d'action écologique, ils peuvent altérer le climat, déclencher des tremblements*

---

[128] http://www.europarl.europa.eu/sides/getDoc.do?type=WQ&reference=E-2004-1446&format=XML&language=FR

de terre, des éruptions volcaniques en utilisant des ondes électromagnétiques. Beaucoup d'esprits ingénieux travaillent actuellement pour imaginer des moyens de terroriser des nations entières. Tout ceci est réel et c'est la raison pour laquelle nous avons intensifié nos efforts dans la guerre contre les terroristes ».

Se remémorer, au chapitre 24, la citation du savant Werner Von BRAUN directeur adjoint de la NASA en 1970 : Ω - « *Ils utiliseront la mise en scène du terrorisme, puis du risque cosmique* (invasion d'extra-terrestres) *pour circonvenir* (abuser) *l'humanité et la réduire à l'Ordre nouveau qu'ils ont préparé via l'ONU et un gouvernement mondial sur mesure* ».

Les fonds nécessaires au programme HAARP sont assurés par les réseaux de financement de la gouvernance mondiale occulte. Ils dépassent de loin les 10 millions $ annuels accordés publiquement. Officiellement, l'on fait croire au public américain de l'utilité de ce financement public pour valoriser les études de l'ionosphère et l'assistance de type radar, couplé au dispositif Stars Wars[*]. Une protection contre les installations ennemies, ou terroristes, placées sous terre, contre les missiles balistiques terrestres et les activités maritimes de sous-marins mal intentionnés.

LES APPLICATIONS OFFICIELLES D'HAARP, UN LEURRE À DOUBLE EFFET

Depuis l'effondrement des Twin Towers en 2001, le nouveau Pearl Harbor préparé[*] de toutes pièces pour les besoins de la cause d'un nouvel Ordre mondial, le Congrès a été floué puisqu'il s'est focalisé sur le risque d'attaques terroristes et balistiques nord-coréennes. Il n'a pas pu discerner l'étendue et la montée en puissance d'HAARP, son réel potentiel à modifier le climat, à déclencher des séismes, à interférer sur le cerveau des foules. Il n'a retenu que sa capacité à assurer la défense intérieure du pays. En officialisant le développement de cette arme absolue, le Congrès a fait pleinement le jeu des esprits supérieurs. Finalement, le grand public et les hommes politiques sont dans l'ignorance des applications cachées de ce dispositif à visée universaliste.[129]

Quant à W. COHEN, membre éminent du CFR, de la Commission trilatérale et du Bilderberg group, il sensibilise astucieusement son auditoire sur la nécessité absolue de se protéger contre un nouveau type de terrorisme. Selon lui, ces ennemis de la civilisation sont dotés d'un haut niveau d'ingénierie et de grands moyens technologiques. Ils peuvent ainsi s'attaquer aux écosystèmes, à l'intégrité de la planète et à coup sûr terroriser les populations. C'est une manière habile pour lui de pouvoir détourner l'attention de l'opinion publique anglo-saxonne, non consciente du risque des applications EM sur l'équilibre global du monde. De surcroît, c'était une manière rusée de convaincre le milieu politique, d'obtenir l'entier soutien du peuple américain et de l'opinion publique mondiale, afin de pouvoir durcir la lutte contre les terroristes satanistes.[130] Eux qui sont supposés détenir de nouveaux moyens technologiques ultra puissants pour jeter le trouble dans le monde entier ! Il est évident que **peu d'individus ont pu faire le rapprochement entre la duperie politicienne de W. COHEN d'avril 1997 et la déclaration faussée d'emblée faite par le Congrès en octobre 2005.** Les membres de cette double chambre trompés par de faux arguments avaient validé officiellement la capacité technologique du procédé HAARP pour parer à toute frappe de missile balistique.

---

[129] **Attentat Complot Manipulation du 11 septembre 2001**
https://www.youtube.com/watch?v=JQKZr7g15ZM
11-Septembre : Le Grand Débat de la Thermate
https://www.youtube.com/watch?feature=player_embedded&v=PlIoRQPWuwM#!
[130] **Aaron Russo sur le 911, le CFR et Rockefeller (1/2)**
https://www.youtube.com/watch?feature=player_embedded&v=oCq72nPKtcw#!

Ce leurre à double effet a pleinement fonctionné puisque les politiques, les médias et le public nord-américains n'auront retenu de cette technologie que le seul moyen de protéger efficacement le territoire national contre toutes éventuelles attaques terroristes de dernière génération. Ou encore d'être sauvegardé de celles provenant de pays extrémistes, armés de missiles balistiques, tels que la Corée du Nord. Pendant ce temps, huit années se seront écoulées au cours desquelles, à l'abri de l'opinion publique et des médias, le cartel aura eu le temps nécessaire de continuer à développer cette technologie pour assurer la partie de leur planification se rapportant à la géostratégie, la géoclimatique, incluant le déclenchement de tremblements de terre.

COMME L'ON PROVOQUE UNE AVALANCHE !

De même que l'on place au bon endroit, selon un angle à 45°, un explosif qui équivaut au TNT (à base d'oxygène et de propane), pour déclencher à distance une coulée de neige. C'est à partir d'une pulsion sonique, produite par un flux électromagnétique, que l'on active les plaques tectoniques sur un point particulier de la faille pour provoquer une réaction sismique dont l'intensité (échelle logarithmique de Richter) varie selon l'état de chevauchement de ces plaques et la nature du sol et du fond marin). Les sols mous, friables, liquéfiables, ou sols meubles filtrent les hautes fréquences et laissent passer les basses fréquences, les couches superficielles molles encapsulent les ondes sismiques et se comportent comme un résonateur amplifiant les ondes du flux EM. 2) Pour les sols durs, c'est le contraire,

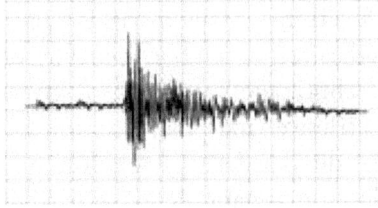

Le procédé[131] consiste à créer sous terre une conduction d'ondes EM, en dirigeant dans une direction choisie des ondes électromagnétiques, dont la figure dynamique est celle d'un tunnel virtuel de forme elliptique. En entretenant pendant un temps donné le flux EM à une puissance donnée, il se produit une agitation sismique d'ébranlement des plaques tectoniques sises à l'endroit le plus instable, le plus propice pour déclencher un tremblement de terre, dont l'impact et l'apparence sembleront naturels. Tout séisme provoque 2 types d'ondes : **P** de compensation et **S** de cisaillement, elles sont responsables des dégâts de surface.[132]

Leur étude respective permet de localiser l'épicentre, la région, la zone d'où l'énergie a été libérée. Il existe un autre élément quantifiable la coda sismique. C'est une vibration qui se mesure entre le dégagement initial d'énergie et le retour de bruit de fond qui lui correspond. Dans le cadre de recherches géologiques ou pétrolières, en mesurant les codas l'on a pu établir dans le domaine de l'étude sismique que leur durée est corrélée avec le niveau de magnitude d'un séisme – Plus il est puissant – plus la durée des codas est longue – car elles résultent du parcours des ondes P et S dans la lithosphère (enveloppe rigide de la terre, notamment la croûte – en moyenne 30 km). Dans la durée, l'intensité de la coda décroît, une donnée utile particulièrement à

---

[131] **Armes Sismiques**
http://fr.scribd.com/doc/56398627/Armes-Sismiques-L-Hypothese-Des-CODAS-Nexus-68
[132] **Ondes sismiques**
https://www.youtube.com/watch?v=eO6jvZteHBg

la recherche pétrolière.

La répétition d'explosions en grande profondeur ne permet pas de mesurer les ondes **P** et **S** lesquelles sont indétectables. Cependant en étudiant les codas furtives de microséismes d'intensité suffisante pour savoir qu'elles se cumulent à d'autres codas similaires, se succèdent et forment alors un train d'ondes régulières – ou au contraire génèrent un chevauchement – ou encore se compensent.

Dans tous les cas, le comportement de ces codas permet d'obtenir les éléments de mesure nécessaire à connaître la nature des sous-sols. Cela d'autant mieux que la croûte terrestre est le milieu le plus hétérogène parmi les autres couches constituant la Terre. Cette croûte forme à elle seule comme une galerie pro sismique, épousant sur des milliers de kilomètres la courbure du globe. C'est une condition naturelle d'autant plus propice à une large diffusion des codas.

En organisant la succession d'ondes souterraines de choc (voir, ci-dessous, les moyens utilisables) dont on contrôle l'intensité et le rythme, l'intensité des codas peut aller en augmentant, tandis que les ondes sismiques (**P** – **S** Animation)[133] restent indétectables. Partant de ce constat, il était possible d'optimiser artificiellement l'amplitude des codas, cela indépendamment des autres types d'ondes qui entrent en cause lors de leur propagation. C'est par ce procédé qu'il est possible de les diriger de façon à former un tunnel « virtuel » elliptique EM générant une agitation sismique en un lieu précis sur la base des relevés sismiques existants. Lesquels décrivent les secteurs sensibles aux séismes, plus précisément encore donnent la valeur de résistance au frottement des plaques sises sur les zones proches de la rupture.

---

[133] LES ONDES SISMIQUES
http://junon.u-3mrs.fr/ms01w004/sismo-des-ecoles/public-
html/seisgram/ondes_sismiques.htm

LE MILIEU SCIENTIFIQUE IGNORE POURQUOI LE NOMBRE DE GRANDS SÉISMES A DOUBLÉ

Il ne reste qu'à évaluer l'énergie nécessaire à provoquer leur rupture. Pour y parvenir, l'on mesure la tension des plaques, ayant emmagasiné beaucoup d'énergie, pour en évaluer le niveau de rupture, tout en estimant le temps nécessaire avant la phase de déclenchement d'un séisme potentiel, naturel. Il est tout aussi possible d'activer ce processus en utilisant une part relativement faible d'énergie comparativement à la valeur phénoménale naturelle de l'énergie mise en réserve et libérable par la tectonique des plaques. En 2014, par rapport à la moyenne depuis 1979, le nombre de grands séismes a doublé et les scientifiques ne savent pas pourquoi. Les ondes de choc des séismes naturels, y compris les ondes ayant pour origine des déclenchements électromagnétiques, se cumuleraient-elles ?[134]

Les relevés utilisés : Les pays les plus avancés dans l'armement de destruction massive : URSS – USA – Grande-Bretagne – Japon – France – Tous ont inclus dans le vaste champ expérimental de leur programme d'essais nucléaires toutes les études permettant de réunir un maximum de données utiles à la connaissance avancée de la sismologie à usage géostratégique. Autant d'expériences et de relevés répertoriés et expérimentés à l'insu des organismes internationaux de contrôle des expériences nucléaires.

Les moyens utilisés, utilisables :

➢ Le dispositif de type HAARP : voir les chapitres 14 – 17 – au chapitre 23 sous-titre – Corrélation entre constats

---

[134] **10/22/2014 – "GLOBAL SURGE" of Earthquakes confirmed by Professionals**
https://www.youtube.com/watch?t=20&v=s2vxIOoklzc

météorologiques et stratégie quantique de modification climatique.

➤ Le canon électromagnétique de type Pamir – MHD censé être un instrument de mesure active de l'intensité sismique (mesure de conductivité électrique du sous-sol).

➤ Le sous-marin utilisant une propulsion à propergol solide, en plongée jusqu'à 300 m de profondeur, opérant à l'aide d'un générateur de type Pamir- MHD, au voisinage d'une faille et à distance des côtes, à l'abri de tout repérage de surface. L'opération consiste à porter à ébullition l'eau d'une nappe située sous le plancher océanique. La vapeur d'eau dégagée servira de vérin pour atteindre la couche magmatique et aussi de moyen calorifique pour activer le magma jusqu'à son point de criticité.

➤ La deuxième option consiste à faire un forage sous-marin à proximité d'une faille en bordure d'une côte sensible pour y placer une charge nucléaire dont la détonation (onde de choc) provoquera le séisme. Ce sont des plongeurs autonomes intervenant à l'aide d'une chambre de saturation, comme ceux des plates-formes pétrolières off-shore qui assurent chacune de ces opérations assimilables à une guerre silencieuse (silent war). Somme toute avec des moyens relativement modestes, c'est une façon de déstabiliser, d'affaiblir, un pays, un continent, un adversaire, tout en lui faisant croire qu'il subit des phénomènes naturels.

LOCALISATIONS DE TREMBLEMENTS DE TERRE TRÈS PROBABLEMENT D'ORIGINE EM ARTIFICIELLE

Des séismes se propageant toujours linéairement à faible profondeur (10 à 20 km)

➤ **En 1988** – le séisme qui dévasta Erevan, la capitale d'Arménie, pays en conflit avec Moscou, amené à se détacher de la tutelle russe, objet de mouvements militaires, suscita beaucoup d'interrogations.

➢ **Le 26 décembre 2004** : le gigantesque séisme de Sumatra incluant un énorme raz de marée.

Un séisme précurseur eut lieu à trois jours d'intervalle, le 23 décembre en Nouvelle-Zélande, près des îles Marquises, juste à l'extrémité de la même plaque tectonique. Pour les sismologues, il est étonnant que cela soit passé inaperçu et ait été considéré comme une coïncidence.

➢ **Le 23 décembre 2003** : un an plus tôt, jour pour jour, le séisme de Bar en Iran, de magnitude 6,5, dont l'épicentre se situait à 3 km de profondeur, juste sous la ville.

➢ **Le 12 mai 2008** : 87.600 personnes ont perdu la vie dans le désastre de magnitude 8 – de 19 km de profondeur, dans la province chinoise du Sichuan.

➢ **Le 9 mai 2008** : près de l'île de Guam comprenant une très importante base stratégique américaine, les secousses furent évaluées à 6,7.

➢ **Le 8 janvier 2010** : au Venezuela à profondeur de 10 km.

➢ **Le 11 janvier 2010** : au Honduras à profondeur de 10 km.

Les séismes d'Amérique latine du 8 et 11 janvier 2010 sont situés sur une zone géostratégique dénommée **ALENA**[135] (qualifiée de pierre angulaire du nouvel Ordre mondial par Henry KISSINGER), notamment celui du Chili le 27 février 2010, de magnitude 8,8. Un niveau non surprenant pour ce pays si l'on prend en compte la secousse quelques heures plus tôt, de 7,7 qui a eu lieu au sud du Japon, près des îles Ryukiu, à proximité de l'importante base US d'Okinawa, d'où l'effet cumulatif des ondes du premier

---

[135] **A.L.E.N.A. (Accord de libre-échange nord-américain)** ou N.A.F.T.A. (North American Free Trade Agreement)
http://www.universalis.fr/encyclopedie/n-a-f-t-a/

séisme sur le deuxième –binôme sismique.

> **Le 12 janvier 2010** : La tragédie d'Haïti, avec 300.000 morts. La faible profondeur (environ 10 km) et la forme très asymétrique de la répartition distributive des répliques autour de l'épicentre et de la faille en bordure de l'île ont interloqué les sismologues. Un séisme annoncé quelques heures à l'avance par les services de renseignements US, sans pour autant préciser le lieu d'application. Un cataclysme précédé de l'anormalité des systèmes de mesure de magnétométrie ionosphérique du dispositif HAARP entre le 10 et 12 janvier 2010.

Selon la Russie, l'armée américaine aurait employé ce type de procédé en Afghanistan dans la province de Samagan, le 3 mars 2002 (6,7 sur l'échelle de Richter - 220 morts). Revoir l'avis du parlement européen.[136]

Des séismes de forte magnitude sont rares dans les annales de la sismologie. Depuis les années 2000, il est surprenant de les voir apparaître à un rythme aussi rapproché, sous forme de binôme sismique, cela parallèlement à la progression de la connaissance appliquée des codas.

Dans les années 1990, quatre-vingt-dix députés de la Douma, le parlement russe, ont signé la publication d'un communiqué de presse sur le programme HAARP, impliquant les nouvelles armes non conventionnelles des États-Unis, de type géophysique intégral à haute fréquence, agissantes sur l'environnement terrestre.

Ceci se recoupe avec les préoccupations habilement feintes du Secrétaire à la défense W. COHEN (membre éminent du cartel

---

[136] http://www.europarl.europa.eu/sides/getDoc.do?type=WQ&reference=E-2004-1446&format=XML&language=FR

mondialiste) prétextant en 1997 le risque d'utilisation d'ondes de hautes fréquences rapporté à une activité terroriste potentielle d'altération du climat (ouragan – inondations – sécheresse – déclenchement de tremblement de Terre – d'éruption volcanique...).

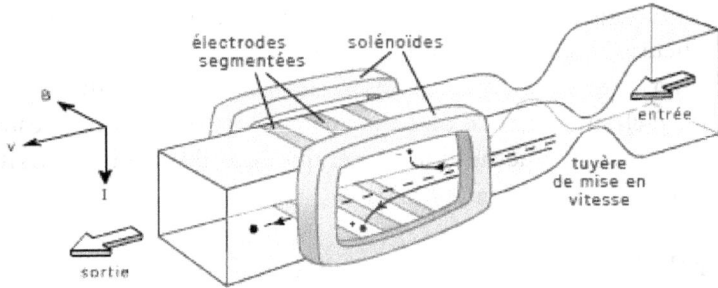

Générateur MHD
tuyère linéaire de Faraday à électrodes segmentées

Deux médias l'un américain Fox news, l'autre russe Russia Today ont rapporté que la Russie possédait et utilisait également de telles armes. En 2002, selon Vive Tv, un dirigeant des verts de Géorgie accusa la Russie d'avoir provoqué un tremblement de terre à l'encontre de son pays. Depuis les années 1970, La Russie utilise le canon EM – type Pamir embarqué sur de gros véhicules terrestres, une des variantes du générateur de Sakharov fonctionnant à compression de flux. Celui-ci avait la forme d'une boîte de camembert de six mètres de diamètre. Ces générateurs équipent ces mêmes canons électromagnétiques installés au sol par les Russes, également nommés générateurs de Pavloski, analogues au système MK1 de Sakharov. La mise à feu se fait au centre du dispositif par un explosif chimique qui interagit avec un puissant solénoïde (pour atteindre une rapide montée en régime de nombre de Reynolds magnétique).

L'ÉTUDE PRÉALABLE DE L'ÉTAT POTENTIEL DE RUPTURE DES PLAQUES TECTONIQUES

La méthode est la même, utiliser plusieurs canons mobiles et croiser leur flux sur un point déterminé de la ligne de faille pour provoquer le séisme. Le glissement des plaques peut alors lui-même se propager à grande distance (onde de cisaillement S) et déclencher un séisme bien au-delà de la zone visée et sollicitée. Pour optimiser l'effet d'un séisme artificiel de type Pamir ou HAARP, il faut au préalable connaitre 1) l'état potentiel de faille des plaques tectoniques 2) orienter les ondes électromagnétiques vers les couches les plus profondes du sol au niveau le plus instable de la faille.[137] **Ces séismes artificiels seront considérés comme naturels, l'origine restera insoupçonnable même aux yeux de géologues très expérimentés.** Par contre, pour les commanditaires de ces catastrophes meurtrières, cela reste aussi facile que de déclencher une avalanche artificielle dans les contreforts d'une station de ski.

DANS QUEL BUT ?

Les divers séismes artificiels mentionnés plus haut, particulièrement ceux déclenchés dans les Caraïbes, dont Haïti, sont surtout des essais en vue d'intervenir à tout instant contre tout opposant aux plans des instances du nouvel Ordre mondial. Actuellement, l'Iran aux ordres d'un régime extrémiste est visé, car c'est un frein à nombre de projets. Pour renverser ce régime, il n'est pas question de recourir à des moyens armés conventionnels, moins encore à l'arsenal nucléaire jugé inenvisageable par tous les pays, qui par ailleurs s'opposent

---

[137] **Séismes - Les catastrophes naturelles les plus destructrices**
http://www.europarl.europa.eu/sides/getDoc.do?type=WQ&reference=E-2004-1446&format=XML&language=FR

vivement à ce que l'Iran se dote elle-même de cette arme. Ce n'est pas non plus au hasard que la région caraïbe a été choisie incluant Cuba et le Venezuela, puisque ce sont des régimes politiques qui s'opposent ouvertement au développement du South Com. Cette technologie sismique peut donc être utilisée à tout moment pour atteindre divers objectifs géostratégiques fixés par les directives de la gouvernance occulte.

Comme pour la détérioration artificielle du climat, des pays protestent… chapitre 13

Les pays de la zone caraïbe : Venezuela – Bolivie – Nicaragua – ont tous demandé la convocation en urgence du Conseil de sécurité relativement à ces imputations sismiques et à l'invasion dite humanitaire des troupes américaines. En effet, il est légitime de se demander pourquoi l'US Navy a détaché des forces d'intervention dite humanitaire sur l'île d'Haïti avant que le tremblement de terre n'ait lieu ! Elles comprenaient le général P.K. KEEN, commandant en second du South Com (1) – zone sud, et 10.000 soldats. Tous ont séjourné sur cette île avant le séisme, bien l'abri dans un bâtiment antisismique ! Assurément, c'était un moyen de valoriser une fois de plus l'image de l'oncle Sam, le « *sauveur confraternel* » de tous les peuples opprimés.

(1) Depuis le 19ᵉ siècle, les États-Unis s'assurent que l'Amérique latine reste sous leur zone d'influence (Doctrine Monroe). Toutefois ce n'est qu'en 1903 qu'ils créèrent le South Com, à l'époque pour s'approprier la zone du chemin de fer reliant l'Atlantique au Pacifique et pour y creuser le canal de Panama. Washington envoya en 1904 des troupes pour réaliser les travaux et garantir la sécurité de cette nouvelle route maritime. Durant la Guerre froide, le South Com appuya d'abord ouvertement les dictatures militaires de droite, puis encadra plus discrètement la répression des guérillas marxistes, sous couvert de lutte contre le narcotrafic. Cette évolution a conduit à une réforme structurelle progressive, car le South Com travaille maintenant en étroite collaboration avec de nombreuses agences US et non plus

simplement sous les ordres du département de la défense. Dans les années à venir, le South Com devrait se développer au fur et à mesure du retrait US du Moyen-Orient et concentrer ses efforts sur le contrôle des champs pétroliers de la zone caraïbes. Dans la perspective d'une épreuve de force contre le Venezuela et Cuba, Washington a réactivé la IVe flotte en 2008, a renversé le gouvernement du Honduras qui voulait fermer la base d'écoutes de Soto Cano et a loué sept bases militaires à la Colombie en 2009.

D'AUTRES EXPÉRIMENTATIONS NÉFASTES, CETTE FOIS EN HAUTE ALTITUDE

La réaction de ces États contre ces manipulations illégitimes est bien fondée, car avant les séismes déclenchés artificiellement, l'US army a procédé dans les années 1950 à des explosions nucléaires dans les couches de la ceinture de Van Allen. L'armée a prétexté qu'il s'agissait de mesurer leurs effets en matière d'impulsion EM sur les communications radio et le fonctionnement des équipements radars. Ces explosions ont généré de nouvelles ceintures de rayonnement magnétique autour de la Terre. Après avoir provoqué une série d'aurores boréales artificielles au-dessus du pôle Nord par déplacement des électrons le long des lignes du champ magnétique, ces essais militaires ont gravement endommagé la ceinture de Van Allen⬤, pour le long terme, comment cela ?

En générant de nouvelles ceintures artificielles de rayonnement magnétique auto-entretenues et aggravées par l'action continûment néfaste de HAARP et centres analogues sur l'ionosphère. D'ores et déjà, c'est une **inversion** du champ magnétique[138] qui s'opère et à court terme un bouleversement

---

[138] **Les changements du champ magnétique**
http://www.esa.int/fre/ESA_in_your_country/France/Swarm_revele_les_changeme

majeur des conditions climatiques qui s'annonce. Tout l'écosystème est donc désormais menacé.

Alors que le grand public désinformé n'a pas du tout conscience de ce phénomène, les trouées dans l'ionosphère causées par les puissantes ondes radio HAARP provoquent une série de graves effets sur la magnétosphère et son champ géomagnétique. Ces éléments d'une grande complexité ne sont pas là par pur hasard, mais ils sont le bouclier de toutes vies contre le rayonnement

L'on peut espérer que ces trous se refermeront, mais l'atteinte faite jusque-là à un autre bouclier contre les ultraviolets, la **couche d'ozone**,[139] laisse à penser le contraire. La protection essentielle que constituent l'ionosphère et la magnétosphère est dorénavant gravement menacée[140] – Pour mieux comprendre l'inversion du champ magnétique observée actuellement, voir le chapitre 5 – le **rôle de la RS** – à partir de **l'accélération** de la fréquence vibratoire.

GRANDE INQUIÉTUDE DANS LE MILIEU POLITIQUE EUROPÉEN

Maj BRITT THEORIN, députée européenne, membre de la Commission des affaires étrangères, de la sécurité et de la politique de défense, estime que les dispositifs de type HAARP constituent un problème global, comprenant de nombreux risques planétaires. Avec son groupe parlementaire, elle veut en évaluer l'incidence et les risques encourus avant la réalisation d'autres essais. Elle poursuit en précisant :

---

nts_du_magnetisme_terrestre
[139] **Le trou dans la couche d'ozone**
http://www.notre-planete.info/environnement/trou-couche-ozone.php
[140] **Superscience (le bouclier invisible de la Terre)**
http://www.dailymotion.com/video/xknvcx_superscience-le-bouclier-invisible-de-la-terre_tech

Ω - « *Qu'HAARP est lié à la recherche spatiale intensive menée depuis 50 ans à des fins clairement militaires, par exemple en tant qu'élément de la guerre des étoiles, en vue du contrôle de la haute atmosphère et des communications. Ces travaux de recherche doivent être considérés comme extrêmement néfastes pour l'environnement et la vie humaine. Personne ne sait dit-elle avec certitude comment estimer à terme les effets de type HAARP* ».

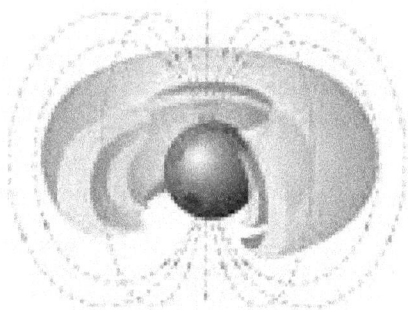

« *Il faut* **lutter contre la politique du secret en matière de recherche militaire.** *Il faut promouvoir le droit à l'information et au contrôle démocratique des projets de recherche militaire ainsi que le contrôle parlementaire. Une série d'accords internationaux : La convention sur l'interdiction d'utiliser à des fins militaires ou à d'autres fins hostiles* **des processus modifiant l'environnement ;** *le traité sur l'Antarctique ; l'accord établissant les principes des activités des États en matière de recherche spatiale, incluant la lune et d'autres corps spatiaux ; Ainsi que la convention des Nations unies sur le droit maritime permet d'estimer HAARP comme un projet hautement contestable non seulement sur les plans humain et politique, mais aussi du point de vue légal. En vertu du traité sur l'Antarctique, cette zone ne peut être utilisée qu'à des fins pacifiques, ce qui signifie que HAARP enfreint le droit international. Tous les effets des nouveaux systèmes d'armement doivent être évalués par des organes internationaux indépendants. Il faut encourager la conclusion d'autres accords internationaux afin de protéger l'environnement contre toute destruction inutile…* ».

Ces parlementaires s'accordent à dire que l'opinion publique, ignorante du sujet, soit mise au courant.

◉ La ceinture de Van Allen ne doit pas être confondue avec la résonnance de SCHUMANN qui est une vague électromagnétique stationnaire protectrice d'extrême basse fréquence (harmoniques de 3 à 30 Hz – fondamentale de 7,8 HZ – le battement de cœur de la Terre située à 60 km d'altitude) provenant du champ électromagnétique terrestre. Voir le chapitre 5. C'est une zone incluse dans la magnétosphère propre à chaque planète (Jupiter – Saturne - Uranus – Neptune) comportant un champ magnétique.

La magnétosphère est l'ensemble des lignes de champ magnétique terrestre. C'est un écran qui protège la surface terrestre des anomalies excessives des vents ou tempêtes solaires, lesquels vents sont très nocifs pour toutes formes de vie. Comme le fait un pilier de pont déviant le courant d'une rivière pour éviter d'entamer la structure de l'ouvrage. La ceinture de Van Allen entoure l'équateur magnétique, elle comprend une double zone, la première à 5000 km d'altitude la deuxième zone plus large entre 20.000 et 36.000 km d'altitude. Toutes deux composées de particules (protons, électrons, noyaux d'hélium) à haute énergie, qui lorsqu'elles sont piégées dans le champ géomagnétique occupent la ceinture pendant des mois, voire des années et rebondissent d'un hémisphère à l'autre décrivant des orbites fermées autour des lignes de force du champ magnétique terrestre.[141]

La ceinture de Van Allen est donc tout à la fois :

1) un gigantesque réservoir pouvant emmagasiner et réguler la haute énergie transmise par le flux permanent des vents solaires,

---

[141] **Mysteries of the Sun: Magnetosphere**
https://vimeo.com/31377109

composés de particules à haute énergie, ou ondes électromagnétiques, dont une partie est occasionnellement relâchée dans l'atmosphère sous forme d'aurores luminescentes dites boréales, observables à l'œil nu dans les régions polaires.

2) un remarquable bouclier protecteur contre l'extraordinaire énergie libérée à chaque explosion solaire qui équivaut à 100 milliards de fois la première bombe atomique, une puissance telle qu'elle échappe à l'entendement humain. La Terre est donc bien protégée contre les effets destructifs de cette gigantesque énergie solaire à condition que la magnétosphère dont la principale composante est la ceinture de Van Allen ne soit pas l'objet d'un saccage illicite consécutif aux expériences nucléaires et électromagnétiques faites en haute altitude, sous l'impulsion de la véritable gouvernance mondiale à des fins despotiques, universalistes.

CONCLUSION

Nous démontrons dans cet ouvrage la triple capacité des élites du cartel de la gouvernance occulte 1) d'influer à distance sur le cerveau humain 2) de modifier intensément le climat en tous points du globe 3) de déclencher artificiellement le mouvement de plaques tectoniques 4) d'épandre du ciel des nano poisons, virus, bactéries... Depuis près d'un siècle, tous ces moyens de haute technologie ont été tenus dans le secret.

Le cartel en dispose pour accomplir sa volonté hégémonique, toute légitime aux yeux de l'élite qui le compose. Elle consiste à instaurer dans la présente décennie un nouvel Ordre financier, politique, social et environnemental du monde. Les données, descriptions, explications, technologies, décrites dans ce livre, sont à l'attention de ceux qui cherchent vraiment à savoir tout ce qu'englobe le mondialisme. Ces informations parfois ardues sont néanmoins incontournables pour étayer certains thèmes et procédés totalement inconnus du grand public. Notamment le modèle quantique, développé dès le chapitre 14, mis au point au travers de divers programmes funestes et effrayants.

Le plus marquant d'entre eux concerne les applications électromagnétiques de type HARRP utilisées par les deux superpuissances depuis les années 1970. Les dégradations qu'elles provoquent ont été amplifiées par plus de deux mille tirs thermonucléaires, majoritairement réalisés en haute altitude, s'ajoutent les dégâts[142] des accidents phénoménaux des centrales

---

[142] **Fukushima: 40 millions de japonais en extrême danger pourraient être évacués en Russie !**
http://www.wikistrike.com/article-fukushima-40-millions-de-japonais-en-extreme-danger-pourraient-etre-evacues-en-russie-105412870.html

de Tchernobyl et de Fukushima. Toutes ces opérations d'alchimie scientifique ont provoqué, entres autres éléments fondamentaux, la dérégulation rapide du rythme ondulatoire, ou rythme de battement du cœur de la Terre, de son climat et de toutes ses composantes.

Les conséquences de ces diverses expérimentations machiavéliques sont irréversibles. Elles ont dégradé la magnétosphère et l'ensemble de l'environnement, y compris la chaîne alimentaire désormais contaminée par la radioactivité et les pestilences chimiques de l'agrochimie. Au total, c'est une grave menace qui ébranle d'ores et déjà la planète et toutes les formes de vie qu'elle contient. Autant de traits marquants qui caractérisent une époque décisive pour la survie de la planète bleue. Il est navrant de constater que les habitants n'en prennent pas réellement conscience.

Reste à venir la plus grande tromperie politico-religieuse de toute l'histoire de l'humanité. Elle commencera par 1) la refonte du système financier du monde 2) par un nouveau modèle social, environnemental, assorti de démonstrations stupéfiantes de nouvelles technologies non polluantes, mises en sommeil jusque-là, permettant définitivement de se passer du pétrole, du nucléaire... 3) Elle se poursuivra par une grande kermesse lors de l'inauguration d'un nouvel Ordre mondial.

Si les foules devaient s'y opposer, tout est prévu pour les mystifier et les soumettre sur la base du programme Blue Beam (chapitre 22). C'est un dispositif très sophistiqué permettant aussi de catéchiser le cerveau des foules en propageant des ondes électromagnétiques de très basse fréquence. Puisque rien ne semble plus stopper ce projet despotique, cette ambition de totale domination au détriment des libertés et droits fondamentaux, soyez assuré qu'une riposte inattendue se déroulera en temps voulu...

LIVRES DU MÊME AUTEUR

L'EMPRISE DU MONDIALISME

I - Crise majeure – Origine – Aboutissement - L'actuelle véritable gouvernance mondiale, décrite dans cet ouvrage, opère depuis des décennies en coulisse, à l'arrière-plan, des États-nation.

II - Initiation & Sociétés secrètes - Quel avenir cette élite d'initiés réserve-t-elle à l'humanité ?

IV - Hérésie Médicale et Éradication de masse – les principaux moyens microbiologiques de pandémie - stérilisation de masse - Cancer & médicaments chimiques

Ouvrages publiés chez **Omnia Veritas Ltd**

www.omnia-veritas.com

ⓄMNIA VERITAS

Suivre l'évolution de la crise majeure sur notre site

www.crisemajeure.jimdo.com

www.ingramcontent.com/pod-product-compliance
Lightning Source LLC
Chambersburg PA
CBHW070308200326
41518CB00010B/1933